吡咯喹啉醌抗运动性疲劳作用及机制研究

刘丽霞　著

中国农业出版社

北　京

前　言

　　运动性疲劳是全民健身和运动员训练中普遍存在的现象，如果不能及时缓解，将极大限制锻炼和训练的效果，阻碍运动能力的提高，并可造成机体多系统、多器官的功能紊乱和损伤，成为威胁生命健康的重要因素之一。因此，如何科学、有效地阻止或者延缓运动性疲劳发生，加快运动性疲劳恢复，已成为运动、军事和航天医学等研究领域密切关注的重大课题之一。

　　运动性疲劳的产生是体内多因素变化的综合反映，氧化应激、NF－κB（Nuclear factor κB）介导的炎症反应、线粒体功能及机体代谢在其中发挥着至关重要和不可替代的作用。依据运动性疲劳发生的线粒体损伤机制，补充靶向于线粒体的药物或者营养物质，维持线粒体结构与功能的完整性，可能是解决运动性疲劳预防和恢复问题的有效策略。而其中，营养物质干预运动性疲劳，以其安全可靠、简便易行受到众多研究者的青睐。因此，探索新型抗运动性疲劳营养因子，开发安全、高效的抗疲劳功能食品，对提高运动员竞技水平和促进大众健身效果具有重要意义。

　　吡咯喹啉醌（Pyrroloquinoline quinone，PQQ）是动物繁殖、生长、发育必需的营养因子，同时也被认为是具有强催化氧化还原反应能力的生物活性物质，在自然界分布广泛，食物来源丰富。PQQ具有独特的理化性质，其在清除自由基、抗氧化、抑制炎症反应、抗凋亡、调节线粒体功能及能量代谢、营养和促进生长等多方面的效应，及其在防治心脏病、肝病、神经系统疾病、骨质疏松和癌症等多系统多器官相关疾病方面的功效，使其在医学、食品以及农业等领域具有良好的应用前景和广阔的市场前景。

PQQ 强大的自由基清除能力及多样的生物学功能同时也提示，其在运动性疲劳防护方面具有重要的研发价值，但国内外未见到相关报道。PQQ 是否能够在氧化应激介导的运动性疲劳中发挥作用，是否与 NF－κB 介导的炎症反应及细胞凋亡的调控有关，其在运动性疲劳中可能作用的靶点和机制又是什么，皆未知晓。

因此，本书采用小鼠反复力竭游泳和电刺激骨骼肌细胞的方法，分别建立体内、外运动性疲劳模型，观察 PQQ 是否具有抗运动性疲劳作用，并进一步探究其抗运动性疲劳作用的可能靶点和机制。本书共有五章内容。第一章为绪论；第二和第三章首次证实了 PQQ 在运动性疲劳中具有抗组织损伤、抗氧化应激、抗炎等多种生物活性；第四和第五章在第二、三章的基础上，首次采用色谱-质谱联用的代谢组学技术，结合线粒体功能研究，阐明 PQQ 在运动性疲劳中作用的可能靶点和机制：PQQ 通过直接调节线粒体复合物Ⅰ的活性，稳定了线粒体功能，增加了三磷酸腺苷（Adenosine－triphosphate，ATP）的合成，从而保证了机体的正常代谢和能量供应；与此同时，抑制了活性氧（Reactive oxygen species，ROS）的生成，下调了 ROS 介导的氧化应激，减轻了 NF－κB 参与的炎症反应，减少了细胞凋亡，进而预防与延缓了运动性疲劳的发生。书中研究解析了 PQQ 抗运动性疲劳的功能地位，为开发新型、高效的运动营养补剂提供重要的理论和有力的实验依据。本书不仅适合体育专业人员使用，而且可以供运动爱好者及营养研究人员参考。

在课题研究和本书撰写过程中，笔者得到了陈骐教授、吴秀琴教授、陈志坚院士、黄建忠教授、孙立军教授、乔德才教授、林炜教授等的悉心指导，同时也得到了福建师范大学体育科学学院、国家体育总局运动机能评定重点实验室、南方生物医学研究中心及工业微生物发酵技术国家地方联合工程研究中心全体师长和朋友的大力帮助，借书出版之际，在此一并表示衷心的感谢！

著　者

2023 年 5 月

目　　录

1 绪 论

"生命在于运动"，现代人注重运动提高体质的同时，也越发重视运动后机能的恢复和疲劳的消除。在体育锻炼、运动和军事训练中，运动性疲劳是一种复杂且不可避免的生理现象。随着竞争日益激烈，运动员需要承受更大的训练负荷，出现疲劳的概率也就越大。运动性疲劳如果不能及时恢复，将极大地限制锻炼和训练的效果，阻碍运动能力的提高，并可造成机体多系统、多器官的功能紊乱和损伤[1-4]，因此，一直以来都是运动医学领域研究的热点[5,6]。如何依据运动性疲劳的氧化应激、炎症、线粒体损伤等发生机制，科学、有效地推迟运动性疲劳的出现，促进疲劳的消除，确保运动员的健康，提高运动成绩、延长运动年限，以及增强身体素质、提高锻炼效率是体育界乃至全社会共同关注的问题。

1927 年，Lawrence J. Henderson 创建了第一个专门用于运动性疲劳研究的哈佛疲劳实验室，对运动性疲劳的研究具有里程碑意义。但运动性疲劳受运动形式、运动强度和运动时间等的影响，表现出高度的复杂性，对其的认识和研究经历了一个逐步深入、完善的漫长过程，目前其产生的具体机制却依然不是十分清楚。而关于运动性疲劳的干预研究，仍然是运动医学相关领域的研究重点。

1.1　运动性疲劳的研究意义

运动性疲劳是由于体力工作、运动训练及体育竞赛所造成的身体工作能力暂时下降的现象。竞技体育运动训练的直接目的在于改善和发展运动员的竞技能力，而运动员竞技能力生理基础的提高过程必然遵循"运动训练→机体工作能力暂时性下降即疲劳→疲劳的消除→机体工作能力提高"的循环往复、螺旋形发展的规律。因此，探索运动性疲劳产生的原因、运动性疲劳发展过程的特点、判断运动性疲劳的方法以及加速疲劳消除的手段等问题，已成为广大体育科技工作者、医务人员、教练员、运动员极为重视的研究课题。前国家体委副主任陈先同志曾经讲过："消除疲劳问题是我们体育战线需要开创新局面的一个重要内容、一项重要任务，是科学研究的攻关课题，这个问题不解决，攀登世界体育高峰就会受到很大影响。"

疲劳的问题不仅是体育科学界关心和重视的问题，也是全社会关心和重视的问题。随着生活节奏的加快，精神和体力劳动强度的加大，在现代文明社会的人群中，慢性疲劳综合征患者日渐增多。因此，研究疲劳问题对人类健康的影响又是医学界、社会学界、心理学界所必须重视的问题。国际运动医学联合会前主席卢·普罗科普曾经指出，疲劳综合征是运动医学研究的中心课题，它能直接影响人的日常生活，特别是工作中的过度劳累。因此，解决消除疲劳或者说加速机体工作能力的恢复问题就更加迫切了。

1.2　运动性疲劳的研究概况

疲劳是个永恒而又古老的研究课题。祖国医学的经典著作《黄帝内经》在诸多的论述中就已涉及疲劳问题。在《素问·六节脏象论》中，提到"肝者，罢极之本"，其中"罢"读音即为现代汉语中的"疲"字；在《黄帝内经》中，多处提到"劳"字，其中"五劳所伤"的"劳"即"过度"之意，"劳则气耗"的"劳"就是指的"疲劳"。在我国古代著名的医学家张仲景、孙思邈等人的著作中，也均提到"疲劳"一词。可见，疲劳问题远在古代，就已受到医学家们的重视。

迄今为止，已有数不胜数的著名专家、学者对疲劳问题进行了探讨。经过几个世纪长期、艰苦卓绝的工作，专家们在运动性疲劳的研究领域取得了众多的研究成果，在疲劳产生的原因、判断疲劳的方法以及加速疲劳的消除研究等方面，都取得了很大进展。单是在运动性疲劳产生的机理方面，就有中枢神经保护性抑制学说，神经肌肉接点的乙酰胆碱（Acetylcholine，Ach）量变学说，外周的"衰竭"学说、"堵塞"学说，"内环境稳定性失调"学说，以及从综合性认识角度提出的"全身性疲劳"学说、"疲劳控制链与突变"理论等。这些机理、学说、理论对认识、预防、延缓和消除疲劳起到了十分积极的作用。

近年来，随着现代科学技术的发展和运动训练科学化进程的加快，运动性疲劳问题的研究越来越受到人们的重视。各国纷纷投入大量的人员和财力进行研究。例如，美国的哈佛疲劳研究所、法国国家疲劳研究中心，拥有一大批专门研究人员，每年耗资高达数千万甚至数亿美元。我国国家体育总局，以及各体育院校和省市体育科学研究所都投入了大量的人力和经费，力图对运动性疲劳问题进行全面深入的研究。在每届全国运动生理生化和运动医学学术论文报告会议上，关于疲劳问题的研究成果均在与会论文中占较大的比重。在四年一度的全国体育科学大会上，运动疲劳与恢复的研究还被列为专题进行学术交流，运动性疲劳研究已成为整个体育科学界关心和重视的问题。

1.3　运动性疲劳研究的重要理论和实践问题

（1）疲劳的概念问题

运动性疲劳研究首先要解决的问题就是疲劳的概念。疲劳概念的研究与人类探索疲劳的研究是同时起步的，它一开始就成为疲劳问题研究的热点。早在1 000多年前，《诸病源候论》就已经有关于疲劳的记载[7]，但对于运动性疲劳的概念，科研工作者却一直持有不同的观点。直到1982年，在国际运动生化学术会议上，关于运动性疲劳的定义才被广为接受。

（2）运动性疲劳的特点

各国专家普遍认为，运动性疲劳是一个过程，这个过程应当具备以下特点和规律：

① 疲劳时，机体能力降低存在时相性或阶段性。

② 机能降低与疲劳过程并不是成正比关系。

③ 由于疲劳过程受多种因素的影响，在疲劳的最初阶段，下降的机能可能再度表现出恢复的现象。

④ 疲劳过程发展到最终必然出现筋疲力尽。

（3）运动性疲劳的发展过程

研究提出，可以把疲劳过程确定为三个阶段：疲劳过程的最初阶段、增强阶段和力竭性阶段。这个观点使人们对疲劳过程的认识又前进了一步。

（4）运动性疲劳实验模型

大量的研究结果表明，在不同条件下，人体或动物运动时的能量代谢过程是有其特点的。因此，对疲劳研究的实验条件有必要加以某种形式的规范，这对于建立较为客观统一的疲劳理论、提供具有可比性的实验结果是非常必要的，建立运动性疲劳实验模型已成为近年来研究较多的问题之一。

（5）不同人群以及特殊环境下运动性疲劳产生的原因

这个问题也是运动性疲劳研究的一个重要方面，对科学安排儿童、少年、妇女、老年人的体育活动以及在特殊环境中提高人体的工作能力，防止运动意外的产生具有重要意义。

（6）运动性疲劳的判断方法和运动后加速疲劳消除的研究

运动性疲劳的判断方法和运动后加速疲劳消除的研究是运动性疲劳研究的极其重要的领域。近年来，运动成绩突飞猛进，其主要原因之一就是这方面的科研成果大量应用于运动训练实践之中。采用科学方法及时判断运动员的身体机能状况，并采用针对性的恢复措施已是世界体育强国在国际大赛中克敌制胜的"秘密武器"。

1.4　运动性疲劳研究的展望

运动性疲劳的研究是一项综合性研究，它不仅是运动医学、运动生理学和运动生物化学的重要研究领域，还与运动心理学、社会学及精神病学等学科密切相关。运动性疲劳研究的复杂性和重要性，将吸引更多的专家投身其中。目前，科学家们采用了包括核磁共振（NMR）、正电子发射型计算机断层显像（PET）、高效液相色谱、基因组学、蛋白质组学及代谢组学等现代高科技手段对疲劳进行了研究。例如，利用核磁共振技术可以在无创伤、无疼痛的条件下连续测定三磷酸腺苷（ATP）、磷酸肌酸（CP）、Pi、H^+（pH）、水、脂肪和代谢物质的浓度，这对研究肌肉疲劳具有非常重要的意义；又如，采用正电子发射层析摄影技术，可以拍摄到人脑活动时的层析照片，用以研究神经疾病、药品疗效以及不同机能状态下的大脑活动规律，对中枢疲劳的研究有着划时代的意义。PET 的应用在局部血流和物质代谢的研究方面也具有很大潜力。现代科学技术的发展，为最终揭示疲劳的奥秘提供了可能性。我们相信，运动性疲劳研究这一体育科学研究皇冠上的明珠，被勇于探索、不断进取的科学家所摘取的日子已为期不远。

1.5　文献综述

1.5.1　运动性疲劳的概念、分类及发展过程

在运动性疲劳的研究中，运动性疲劳的概念、分类及发展过程是极其重要的研究领域。疲劳的研究至今已有近千年的历史。但目前对运动性疲劳的概念、类型和发展过程尚未有统一的认识，由它衍生出的运动性疲劳的发生部位、运动性疲劳模型等问题就更是众说纷纭。目前，世界各国体育界为提高运动水平而进行的不断冲击人体各项生理能力"极限"的科学化训练实践，对运动性疲劳的概念、类型、特点等进行系统研究提出了更高的要求，使其成为当今运动生理学界以及运动医学界的热门课题。

1.5.1.1　运动性疲劳的概念

在运动性疲劳的研究中，运动疲劳概念的研究是最基本的，也是非常重要的问题。

（1）运动性疲劳概念的演变过程

疲劳概念的研究与人类探索疲劳机理的研究是同时起步的，大约已有1 000年的历史。据现有资料考证，对疲劳概念的研究从一开始就已成为疲劳问题研究的热点。

疲劳研究的先驱人之一Ioteyko认为"局部疲劳感是感觉机构受化学产物刺激的结果"。Frumerie和Mosso分别于1914年和1915年提出了"疲劳也许是长时间刺激关节、肌腱和神经末梢的结果"，以及"疲劳是细胞内化学变化的衍生物导致的一种中毒现象"的疲劳概念。在疲劳研究史上影响最广、时间最久的研究应推1924年Hill及其同事提出的"氢离子浓度升高导致疲劳"的假说。他们认为，疲劳是乳酸堆积的结果，这个观点在近50年来的疲劳研究中一直占有重要地位。这些早期有关疲劳概念的研究一开始就把焦点集中在体内生化变化上。无论化学产物刺激，还是有毒产物积累，抑或是氢离子浓度升高，都可能引起身体工作能力暂时下降的现象，已逐步成为疲劳研究专家的共识。虽然限于当时科技水平和研究技术，所取得的研究结果也许是比较粗略的，但毕竟引导我们向正确的研究方向迈出了前进的步伐，为运动医学工作者最终揭示运动性疲劳的奥秘，解开运动医学研究领域的"哥德巴赫猜想"之谜打下了坚实的基础。

现代体育运动对运动医学界提出了越来越高的要求，运动医学的核心问题之一即疲劳研究，再次成为体育科学工作者研究的热门课题。在疲劳概念研究中，许多学者从不同的实验研究角度对运动性疲劳的概念进行了阐述。其中，有根据运动员自我感觉下定义的，也有从运动员的行为变化下定义的，还有从疲劳时工作效率的变化情况下定义的，等等，致使疲劳的定义极不一致。在众多的研究中，具有典型意义的概念有下列几种：

① 雅可甫列夫的疲劳是"长时间紧张活动所发生的一种机体状态，其特征是工作能力的降低"。

② 1979年，Karporich提出"疲劳是工作本身引起的工作能力下降的现象"。

③ Priney提出疲劳是"肌肉经过一定时间的活动后出现运动能力的暂时降低，通常表现为不能够再保持或产生某种准备发出的力或爆发力"。

④ 冈田三郎指出，疲劳最简单的定义是指做了一定工作之后，暂时处于作功下降的状态。

⑤ Bermst 和 Moch 提出"疲劳的定义是机体或其一部分由长时间工作或受到刺激而出现的应答能力或机能的减退"。

⑥ 1980 年，Karlsson 提出"疲劳是肌肉不能产生所要求的或预想的收缩力"。

⑦ 1982 年，Edwards 提出"疲劳是丧失保持所需或所期望的输出功率"。

⑧ 在我国体育院校《运动生理学》统编教材中，疲劳被认为是"由于活动使工作能力及身体机能暂时降低的现象"。

⑨ 还有学者认为，从主观上判断什么是疲劳，对任何一个人来讲都是较容易的，但如果用客观性指标说明，以定量的形式表现疲劳，却是异常困难的。这就是所谓疲劳概念"测不准"的观点。日本学者松田岩量是这类研究人员的代表。

因此，在疲劳研究中，摆在运动生理学工作者面前急需解决的问题就是对疲劳概念的统一认识。只有解决这个问题，才能真正地把握住疲劳的本质意义，使疲劳研究有一个共同标准。

（2）现代运动性疲劳的概念

在现代对运动性疲劳的研究中，专家们在"疲劳的产生是由工作或运动本身引起的"方面取得了基本一致的看法。这是一个十分重要的前提，因为药品、环境、疾病、营养等其他原因也可以影响工作能力和身体机能。

1982 年，第五届国际运动生物化学会议对运动性疲劳概念作了统一，认为运动性疲劳是"机体生理过程不能持续其机能在一特定水平或各器官不能维持预定的运动强度"的现象。至此，一场旷日持久的疲劳概念的争论似乎已经就此终结。

但新的问题又产生了。1982 年后，新的研究结果使不少学者对上一运动性疲劳概念提出了质疑。姑且不谈其他问题，就以该定义提出的"机体生理过程不能持续其机能在一定特定水平或各器官不能维持预定的运动强度"而言，就有许多值得商榷的问题。例如，"机体生理过程在什么时间、什么条件下不能持续或维持一定的工作强度"这一问题就非常值得研究，且不易统一。这使得目前因条件不统一而出现的实验结果不同的问题更加突出。由此看来，要想完善疲劳概念，还应对各类疲劳实验加以分类及定量，才能确保定义的权威性、准确性。另外，该定义还给人以只表达清楚了结果，而未揭示原因的印象。然而，有趣的是，在长期的疲劳概念大论战中，早期的概念研究恰恰是一针见血，力图揭示疲劳的原因和本质。只是由于当时科学技术发展水平的制约，使学者们不能更深入揭示疲劳的真正本质。可见，争论的关键还是由于对产生疲劳的原因未真正了解，以致不能真正科学、准确地对运动性疲劳下定义。

1.5.1.2 运动性疲劳的分类

运动性疲劳不但是运动生理学和生物学的重要研究领域，还与运动心理学、运动医学以及精神病学和社会学等学科密切相关，这使得运动性疲劳的分类标准复杂化，使运动疲劳的分类问题成为运动性疲劳研究中的又一个热门课题。在运动性疲劳的研究领域中，关于运动性疲劳的分类方法，目前无统一规定和公认的标准。现代流行的运动性疲劳分类方法至少有以下几种。

（1）根据疲劳发生的部位进行分类

根据疲劳发生的部位，可以把疲劳划分为中枢疲劳、内脏疲劳和外周疲劳三类。

① 中枢疲劳　在日常生活、工作或运动等体力及脑力活动中，因神经及外周能量代谢障碍而带来的神经系统及机体机能暂时性降低的现象称为中枢疲劳。

②内脏疲劳　在日常生活、工作或运动等体力活动中，因内脏器官能量代谢障碍而带来内脏器官及机体机能暂时性降低的现象称为内脏疲劳。

③ 外周疲劳　在日常生活、工作或运动等体力活动中，因外周能量代谢障碍而带来的机体机能暂时性降低的现象称为外周疲劳。

（2）根据疲劳发生的性质进行分类

根据疲劳发生的性质，可以把疲劳划分为生理性疲劳、病理性疲劳和心理性疲劳三类。

① 生理性疲劳　生理性疲劳是指在日常生活及工作或运动中，因体能活动引起各器官系统机能能耗加大而导致的工作能力及身体机能的暂时性降低的现象。生理性疲劳一般发生在以肌肉活动为主的各种运动训练、体力活动以及工作、学习和日常生活中。常表现出肌力下降、肌肉酸痛、肌肉和关节僵硬等症状。

② 病理性疲劳　病理性疲劳是指在日常生活及工作或运动中，长期从事因刺激强度过大，或时间过长，或节奏过于单调的体力或脑力等活动而带来的身体机能及神经功能调节紊乱和各器官的组织学改变并导致思维及活动能力降低的现象。病理性疲劳被称为过度疲劳。无论在以肌肉活动为主还是在以脑力活动为主的各项运动训练、体育锻炼以及工作、学习和日常生活之中都可能发生。病情严重者还可能出现厌世情绪，甚至出现个别人轻生自杀或过劳死的情况。

③ 心理性疲劳　心理性疲劳是指在日常生活、工作或运动中，精神负担重、神经紧张性高、思想压力大而引起神经能量消耗加大，导致神经系统机能暂时性降低的现象。心理疲劳一般发生在以脑力活动为主的运动训练、体育锻炼以及工作、学习和日常生活之中。常见特征有情绪忧虑、精力不集中、思维能力下降、头昏脑涨、反应迟钝、记忆障碍等。

（3）根据疲劳发生的生理学和心理学特点进行分类

根据疲劳发生的生理学和心理学特点，可以把疲劳划分为脑力性疲劳、情绪性疲劳、感觉性疲劳、体力性疲劳四类。

① 脑力性疲劳　在日常生活及工作或运动等脑力活动中，因神经高度紧张，脑细胞高度兴奋、活跃而能量消耗加剧以致大脑思维工作能力暂时性降低的现象称为脑力性疲劳。

② 情绪性疲劳　在日常生活及工作或运动等体力及脑力活动中，因精神及体力负担重、思想压力大以及情绪高昂激动而能量消耗加大，以致使机体情绪暂时处于低落的现象，称为情绪疲劳。

③ 感觉性疲劳　感觉性疲劳指在日常生活、工作或运动等体力与脑力活动中，因分析器高度紧张而能量消耗加剧，使机体各感觉机能暂时降低的现象。

④ 体力性疲劳　在日常生活、工作或运动等体力活动中，因肌肉能量消耗加大，而使肌肉工作能力暂时性降低的现象称为体力性疲劳。

（4）根据机体对不同频率电刺激的应答情况进行分类

根据机体对不同频率电刺激的应答情况，可以把疲劳划分为高频疲劳和低频疲劳两类。这种划分是 Edwards 等近年来提出的新分类方法。它更有利于实验的简便操作和统一条件。

① 高频疲劳　因高频刺激而引起神经-肌肉传递或肌肉动作电位传导降低、动作潜伏期时限延长，力量有选择丧失的现象称高频疲劳。高频疲劳一般发生在大强度运动之中。

② 低频疲劳　低频疲劳是指因低频刺激而引起肌肉兴奋-收缩偶联衰减，力量有选择性丧失的现象。低频疲劳一般发生在小强度运动之中。

（5）根据疲劳发生部位的范围进行分类

根据疲劳发生部位的范围，可以把疲劳划分为全身性疲劳、区域性疲劳和局部性疲劳三类。

① 全身性疲劳　在日常生活、工作或运动等体力活动中，因机体发生能量代谢障碍的肌肉，超过肌肉总数的 2/3 而导致机体机能暂时下降的现象。同

时，全身性疲劳往往伴有中枢及内脏疲劳的发生。

② 区域性疲劳　在日常生活、工作或运动等体力活动中，因机体发生能量代谢障碍的肌肉，占总肌肉数 $1/3\sim2/3$，并导致机体某些区域机能暂时下降的现象称为区域性疲劳。

③ 局部性疲劳　在日常生活、工作或运动等体力活动中，因机体发生能量代谢障碍的肌肉只占总肌肉数 $1/3$ 以下，并仅仅导致机体某些局部机能暂时下降的现象。

（6）根据疲劳的消除情况进行分类

根据疲劳的消除情况，可以把疲劳划分为急性疲劳（正常疲劳）和慢性疲劳（积蓄疲劳）。

① 急性疲劳　在日常生活、工作或运动等体力和脑力活动中，因体能和神经能量的消耗或能量代谢障碍，而迅速引起的机能下降的现象称急性疲劳。急性疲劳引起的机能的下降一般经过一段时间的休息和调整后就会消除，不出现疲劳积蓄的现象。看书后的倦意感、争论之后的疲惫感以及剧烈运动和长时间持续运动后的疲劳感均属于急性疲劳。所以，该类疲劳实际上就是生理性疲劳。

② 慢性疲劳　慢性疲劳是指在日常生活、工作或运动等体力和脑力活动中，因前次活动产生的疲劳还未消除，又开始产生新的疲劳，并有新的疲劳债务，导致疲劳逐渐积累的现象。慢性疲劳可使机体调节机能紊乱，各器官出现病理变化，甚至导致机能崩溃。这种疲劳根据病理变化的性质，可分为可逆性过度疲劳和不可逆性过度疲劳。不可逆性过度疲劳是可逆性过度疲劳发展的结果，因此有人又把可逆性过度疲劳叫病理性疲劳，把不可逆性过度疲劳叫生活性疲劳。这两种疲劳无论在体力活动或脑力活动时均可能发生。在体力活动中劳损和损伤往往与局部慢性疲劳有关。在剧烈运动训练中，因调节不当而发生机体机能调节紊乱就是身体慢性疲劳的结果。脑力劳动常常比体力劳动更易产生慢性疲劳，这类疲劳现在越来越受到各国医学界以及劳动卫生界和社会的高度重视。

当然，人类健康水平的提高又不能不依赖于一定程度内的疲劳刺激。在体育界有这样一句名言："没有疲劳就没有训练"。可见一定限度的疲劳是我们提高机能、增强体质、健康长寿和提高成绩的基础。但是，运动训练造成的机体疲劳又必须适度，任何形式的过度疲劳均会给机体带来危害。何去何从？这就取决于我们是否能够科学化地训练、科学性地工作和科学化地生活了。

由于疲劳问题的复杂性，上述分类方法中的某一种，实际上无法把各种形式的疲劳现象包括在内。这有待于疲劳研究工作者的继续研究，我们期待着有更多研究成果的出现。

1.5.1.3　运动性疲劳的发展过程

日常生活中，当人们所进行的工作足以引起一种高昂的情绪时，特别是在遇到某种意外或危险时，人们能够表现出非常高甚至超常的工作能力，而这种能力在通常条件下是显示不出来的，此时，疲劳感往往姗姗来迟。还有实验发现，把神经性兴奋剂注入机体时，不仅可降低疲劳感，还能使处于停止工作临界线的人或动物机体，再以正常强度维持很长时间的工作。由此可见，疲劳的感觉并不总是符合疲劳的程度、疲劳感和疲劳的发展。无论在时间，还是表现程度上都可能不一致。这就给我们提出了若干问题：运动性疲劳是点还是过程？特点是什么？有无规律可循？国际运动医学联合会前主席卢·普罗科普认为，疲劳是一个特别复杂的过程，绝不仅仅是一个生理问题。对运动员来说，疲劳很大程度上和心理因素有关。因此他提出，在较长时间负荷条件下的生理过程往往依次出现下列几个阶段：短暂的适应阶段→稳定状态阶段→"死点"阶段→疲劳阶段→衰竭阶段。

比鲁教授认为，疲劳增强的这一过程可划分为三个时相。第一时相是疲劳的代偿时相或潜伏时相，也可称为疲劳的最初阶段。这段时期，肌肉收缩力的下降可能会因为动作速度的增加而得以补偿，并能通过加快动作速度，使原来的跑速在一定时间内仍然不会下降。第二时相为疲劳的非代偿时相，出现在活动临近结束的一段时间。在此时相，虽然增加动作频率，但速度仍会下降，运动员的机体进入疲劳的非代偿阶段。第三时相为疲劳的终结时相。这个时期明显出现疲劳的各项特征，肌肉用力程度减小、动作频率下降，以至不能再维持运动。比鲁教授又把疲劳的代偿时相划分为三个阶段：第一阶段，疲劳的一般克服阶段，此时不需要代偿性改变；第二阶段，活动的非省力阶段，有附加运动单位参加工作；第三阶段，疲劳的运动代偿阶段。

我国学者纪锦和于 1986 年在《疲劳发展的阶段性》一文中提出，有机体参加工作必然引起疲劳，即机能下降。但这种下降在开始阶段不是持续发展下去，而是机体机能在下降过程中又可能出现一个上升过程。他把这个现象称为疲劳开始时的假性疲劳现象。同时，孙和甫副研究员也在《多功能的肌肉疲劳模型》一文中报告，在大鼠坐骨神经腓肠肌在体标本制备的动物实验中，观察到类似的现象。

综上所述，我们不难看出运动性疲劳是一个过程，这个过程具备如下特点及规律：

① 疲劳时，机体能力降低存在时相性或阶段性。

② 机能降低与疲劳过程并不是成正比关系。

③ 由于疲劳过程受多种因素影响，在疲劳的最初阶段，下降的机能可能再度表现出恢复的现象。

④ 疲劳过程发展到最终，必然出现筋疲力尽。

1.5.2 运动性疲劳的发生部位

人体任何形式的疲劳，总是发生在机体的某个或某几个部位。由于疲劳是十分复杂的问题，特别是由于实验条件以及工作性质、强度、时间等的不统一，许多学者从不同的角度对运动性疲劳发生的部位提出自己的看法，使疲劳发生部位的研究，特别是在某些特定条件下疲劳首先发生部位的研究，成为运动性疲劳研究中，继运动性疲劳概念和分类之后的另一个研究热点。

当今，专家们从不同的角度对疲劳发生的部位进行了大量研究。多数研究是从以下几方面着手进行的。

从神经-肌组织的角度，可把发生疲劳的部位划分为 6 个环节，即肌纤维、运动终板、运动神经纤维、中间神经元突触、皮层中枢、肌肉或其他感受器。在研究实践中，按其发生的部分可简化为中枢疲劳、神经-肌肉接点疲劳、外周疲劳。

从完成练习的基本系统群角度，可把发生疲劳的部位划分为三个基本系统，即调节系统、植物性系统、执行系统。调节系统由中枢神经系统、植物性神经系统和神经-体液系统构成；保证肌肉活动的植物性系统由呼吸、血液和循环系统构成；执行系统由运动器官，即周围神经肌肉构成。

从有利于研究实践的角度，现将发生疲劳的部位按中枢疲劳、外周疲劳、内脏疲劳的划分方法分别加以论述。

1.5.2.1 中枢疲劳

脑是人体的司令部，中枢神经系统在人体各项活动中都起着主导作用。因此，在运动过程中，发生疲劳的部位是否也在中枢，是疲劳发生部位研究中首先注意到的问题。

最早研究这个问题的是 Mosso。早在 1880 年，Mosso 就利用他发明的测功器对发生疲劳的部位进行了研究。他的实验分三个部分：第一部分，当手指拉重物达到疲劳时，用电流刺激手指屈指肌，此时手指能继续拉起重物。说明疲劳没有发生在手指，即疲劳未发生在外周。第二部分，在中枢休息的同时，让手指继续拉起重物，当用电流刺激屈指肌一段时间以后，再改为随意运动，再观察手指拉重物的情况，此时，肌肉恢复了以前的工作能力，重新轻松地收缩起来，说明疲劳发生在中枢，而不是外周。第三部分，当手指拉重物到疲劳时，用电流直接刺激屈指肌，让其继续拉起重物，观察肌肉最终出现的情况，结果肌肉最终也出现不能收缩，说明疲劳继中枢之后也可以发生在外周。该实验结果得到了如下结论：在生理条件下，可以有两种疲劳机制，一是中枢机制，另一是外周机制。中枢疲劳是指位于运动中枢（主要是在大脑）的疲劳，是疲劳的首发部位；外周疲劳则指发生在运动单位（脊髓运动神经元、运动终板及肌纤维）的疲劳。另外，Mosso 还发现，不同的情绪状态也会影响肌肉工作的能力。他认为这也是疲劳存在的形式之一，即肌肉疲劳也会起源于神经系统，再次证明皮层中枢在疲劳产生过程中所起的作用。

继 Mosso 之后，另一位研究疲劳发生部位的先驱是俄国生理学家谢切诺夫。他于 1903 年发现了著名的"积极性休息"现象。谢切诺夫的实验为：当用一侧手臂牵拉重物到疲劳后，如果采用积极性休息，结果原已疲劳的手臂要比单纯静止休息恢复得快。对此现象，他认为是未疲劳的手臂活动时传入冲动，促使已疲劳的中枢重新获得能量。据此，他提出最早产生疲劳的部位是中枢神经系统。

Ikai 等在疲劳实验中，采用反复的等长最大随意收缩负荷，发现拇指内收肌最大随意收缩，随用力时间延长而下降，但当此时给予每 5 s 一次的强直电刺激，加到尺神经上，可使肌肉收缩相对增强。因此，Ikai 认为，中枢疲劳是肌肉工作能力下降的一个重要原因。

另外，Bigland 等用与 Ikai 等几乎相同的实验方法，研究了更大肌群的持续等长收缩。结果发现，随着疲劳的增加，电刺激引起的收缩相对越来越强，支持了 Ikai 等的看法。同时，猪饲道夫等还观察到另一有趣现象。他们用与 Ikai 等相同的实验方法，研究拇指内收肌力量的变化。发现当肌力下降时，用发令枪声或让受试者"吼叫"做刺激时，肌力增大。说明了发生疲劳的部位在中枢，支持中枢疲劳的论点。

Rojtbak 和雅可甫列夫用脑电图及脑组织化学方法对疲劳发生的部位进行了研究。他们的研究为发生疲劳的部位在中枢之说提供了有力的现代科学依据。Rojtbak 等在脑电图研究中发现，疲劳加深时渐渐出现 α 节律特征，但采用积极性休息时，α 节律消失。相比之下，雅可甫列夫对中枢疲劳的研究更系统和深入。早在 1953 年，他通过实验发现，当动物在长时间运动时服用溴剂（中枢抑制物），可引起中枢抑制加强，并使疲劳提前发生；注射菲那明（中枢兴奋物），可引起中枢兴奋加强，实验动物经 10 h 游泳后，肌中各种化学成分变化不大，运动能力提高；注射菲那明的动物可持续极限强度工作达 20 h，此时对照组动物（未注射药物）存活 50%，注射溴剂组动物全部存活，而注射菲那明组动物全部死亡。1971 年，雅可甫列夫等又在酶组化的研究方面取得进展。他们发现，大强度短时间工作引起疲劳时，除能源物含量减少外，γ 氨基丁酸含量减少；而在长时工作疲劳时，除能源物含量减少外，γ 氨基丁酸含量明显升高，这证明了运动性疲劳发生在中枢。

由此可见，运动性疲劳可以发生在中枢。在一定条件下，中枢（主要是大脑）是运动性疲劳的首发部位，中枢疲劳对机体有保护性意义：中枢疲劳除受自身的代谢过程等因素影响外，还受到外周以及心理、情绪、环境等因素变化的影响。

1.5.2.2 外周疲劳

外周通常指运动的执行器官，即周围神经和肌肉。因此，外周疲劳包括骨骼肌部分的传导机制、收缩机制以及骨骼肌血流及物质能量代谢等的变化。由于外周是运动及日常活动行为的主要执行者，对发生疲劳的部位是否应在外周，在外周诸部分中何为疲劳的首发部位等问题，历来受到疲劳研究专家的重视。

如前所述，早在 1880 年，中枢疲劳的倡导者 Mosso 也提出过外周疲劳的问题。继 Mosso 之后，Mertor 进行了一个著名的实验。他让受试者的拇指内收肌作持续性最大等长收缩，发现该肌疲劳时，用电流刺激神经没有使肌力及肌电活动增强。因此，Mertor 认为疲劳纯粹发生在外周。对此，阿斯苗森还有进一步的解释，他认为正常收缩致疲劳时，电刺激虽未引起肌力和肌电活动的增强，但它引起了肌肉正常的动作电位，这说明此时传导机制并未疲劳，疲劳的恰恰是肌肉的收缩机制。同时，他还认为，在次最人收缩致疲劳时，这种现象也是常见的。实验发现，次最大收缩致疲劳时肌电图强度与机械反应比率增加，这进一步说明当肌纤维疲劳，而使机械反应比率下降时，只有通过增加神经兴奋的频率或兴奋的运动单位的数目才可以达到某种补偿。这都说明是外周疲劳，并且是外周的收缩机制疲劳。此后，耐斯（Naess）等又发现：间接刺激拇指内收肌到力竭时，单个动作电位的大小与机械张力有相平行的下降，从而支持了上述的看法。

当然，认为疲劳不仅发生在外周，而且发生在传导机制，特别是神经-肌肉接点的也大有人在。最著名的实验，就是离体神经-肌肉标本的经典疲劳实验。这个经典疲劳实验分为两个部分：第一部分，取坐骨神经-腓肠肌标本，如以每秒 1～2 次的频率刺激神经，不久肌肉即出现疲劳。这时，直接用电极刺激肌肉，肌肉仍能收缩。这说明疲劳并非起源于肌组织，而发生在运动神经或运动终板。第二部分，在近终板的神经上放一块冰，用以阻断由神经传向肌肉的神经冲动。然后在运动神经的近心端以电流（1～2 次/s）刺激神经并持续数小时。当去除阻断后，再对神经加以刺激，这时可见到肌肉立即反应，并且能描出典型的收缩曲线。这说明离体神经-肌肉标本的疲劳也不发生在运动神经，因此，疲劳必定发生在运动终板。

对此，有人提出异议，认为离体神经-肌肉组织毕竟不是完整机体，在反映机体本来面目方面存在一定差异。

针对这个问题，我国成都体育学院殷劲等，在 1986 年用急性实验法，在制作的保持原神经和血管的大鼠坐骨神经-腓肠肌标本上进行了灌流定位实验。该实验分三部分：第一部分，对坐骨神经施以电脉冲刺激，当腓肠肌出现疲劳时，即刻取样，并作痕量乙酰胆碱（Ach）的测试。结果，腓肠肌内 Ach 量增多；对在体腓肠肌分别施以生理盐水和 Ach 液的灌注，然后从坐骨神经给电刺激并观察和记录肌肉收缩情况，观察到用 Ach 液灌流后的肌肉，工作能力下降，出现疲劳。第二部分，无论对照组还是灌流组收缩致疲劳后，当终止对坐骨神经的刺激，并改为直接刺激肌肉时，腓肠肌仍可出现收缩的反应。这说明疲劳既不发生在神经，也未发生在肌肉收缩装置，而是发生在外周神经-肌肉接点，这个实验结果亦证明神经-肌肉接点是外周疲劳的首发部位。由此可见，上述实验结果支持并且发展了经典实验的观点。

1972 年，Stephens 就研究过这个问题，他和同事以第一骨间背侧肌为对象，观察持续性最大等长收缩到疲劳时的肌力和肌电变化，发现疲劳过程有两个时相：第一时相，收缩力量下降到开始的 50%，肌电振幅也下降到原来的 65%，电刺激神经并不能引起肌力与肌电的恢复；第二时相，肌肉力量迅速下降。对此，作者认为第一时相的变化说明有一部分神经冲动通不过神经肌肉接点；而第二时相的变化反映了肌肉收缩元件的疲劳。因此，提出了疲劳发生在外周，并且首先发生在神经-肌肉接点，然后才是肌肉的收缩元件的观点。

在外周局部肌肉系统、物质能量代谢等的变化与疲劳的关系研究中，阿斯特兰德、爱德华兹、林德等认为，肌肉收缩时，可以改变或阻断外周局部血流，进而导致疲劳。1972 年阿尔伯格的研究证明，疲劳时的乳酸堆积，在最大收缩的 30%～60% 时为最多。因为肌肉收缩引起血流受阻，进而 O_2 和能源供应不足，代谢产物阻塞，使疲劳在外周发生。这个实验支持了外周血流及环境改变将导致疲劳发生的观点。

由此可见，运动性疲劳可以发生在外周。外周传导机制、收缩机制以及血流和物质能量代谢等的变化均可使疲劳在外周发生。外周的三部分各自对疲劳的敏感度有所不同，此条件下传导机制障碍可能是疲劳产生的原因，彼条件下收缩装置也可被认为是疲劳的首发部位，而在另外条件下，血流改变等因素亦可是疲劳产生的原因。对此，作者认为是实验条件不统一而导致的结论不一致，有待于进一步的研究。为了便于今后的研究，在实验条件上应有更准确的选择。

此外，国内外疲劳研究专家，在外周疲劳研究中利用肌电图方法，取得了许多成果。Devries、Witekopf 和郭庆芳研究员等提出肌电活动增大是疲劳的信号，而莫顿和尼尔森等却发现疲劳时肌电活动并无变化。相反，Stephens 和 Bigland 等发现疲劳时肌电活动与肌力是伴行下降的。对于这一组相互矛盾的实验结果，北京体育学院高强教授总结的规律是："凡肌电无变化的实验，常是持续的最大的等长收缩；肌电振幅升高的，常是时间较短或疲劳初期的工作；而采用次最大强度负荷，时间长的工作往往导致肌电振幅的下降。"他进一步指出，疲劳时肌电图振幅增高，常可解释为肌纤维的募集，即收缩机制的疲劳；而其降低则可推测为中枢传出冲动减少或神经-肌肉接点传递障碍。

1.5.2.3 内脏疲劳

内脏及调节机能是指支持运动器官的各实质器官、植物性神经以及各内分泌腺。因此，内脏及调节机能疲劳包括植物性功能的器官及系统的疲劳和植物性神经系统及内分泌和神经-体液系统的疲劳。由于机体是一个统一的整体，在运动中，运动执行器官的工作依赖于保证肌肉活动的植物性保障系统的支持。如果运动时，呼吸系统、心血管系统或排泄系统的功能出现障碍，维持高水平运动是不能想象的。因此，内脏及调节机能障碍必然会引起疲劳的发生，并且疲劳也可以发生在内脏及调节机能本身。

维鲁指出，在长时间运动时，植物性神经系统的活动，特别是内分泌腺的变化有重要的作用——一旦植物性功能失调，必将影响肌肉活动和其他活动的能量供应。据此，他认为长时间运动的疲劳发生部位首先应在内脏及调节功能。

疲劳究竟发生在哪里？至今还存在争论。实际上中枢、外周和内脏在完成运动时的作用是不能截然分开的，是互相联系又有区别的。无论是从皮层到运动系统的各个环节，还是从中枢到外周到内脏各部，随实验条件的性质、强度和时间的不同，主要和首先产生疲劳的部位就可能有差别。因此，当务之急还是应先统一实验条件，在同一前提下进行讨论。

1.5.3 过度疲劳

过度疲劳是指在日常生活、工作或运动中，因长期刺激强度过大、时间过长，或节奏过于单调而带来的身体机能及神经调节紊乱和各器官系统的组织学改变并导致思维及活动能力降低的现象。过度疲劳属于慢性疲劳中的病理性疲劳。

近年来，随着运动竞技水平的提高，对运动员的身体、机能及心理方面提出越来越高的要求。人类社会发展对人们日常工作以及生活节奏的要求越来越快，过度疲劳对机体的危害也越来越受到运动医学界、医学界以及生物学界的高度重视。在西方，这种病还被称作是"强人病"。为了消除"强人们"在日常生活、工作和体育锻炼及运动训练中的后顾之忧，正确地认识和预防过度疲劳，更加科学化地生活、工作及运动训练，现将过度疲劳的症状、危害、产生原因及预防、判断方法及治疗方法介绍如下。

1.5.3.1 过度疲劳的症状及危害

根据有关过度疲劳症状的报道，结合日常生活、工作及体育锻炼和运动训练的实际，可把过度疲劳划分为体力性过度疲劳和心理性过度疲劳两类。

（1）体力性过度疲劳

体力性过度疲劳主要是指在日常生活、工作或运动中，因长期从事刺激强度过大、时间过长、节奏过于单调的体力活动或身体训练，而带来的身体机能和神经功能调节紊乱、运动支持器官及内脏器官组织学改变，并导致思维及活动能力降低的现象。体力性过度疲劳综合征涉及各个器官系统，一般有如下症状：

① 精神方面的症状有疲倦不堪、精神不振、无训练欲望，甚至有厌烦情绪等。

② 睡眠障碍方面的症状有失眠不安、多梦易惊醒等。

③ 运动器官的症状有非伤性关节及肌肉疼痛等。

④ 运动能力方面的症状有运动能力下降、恢复期延长、动作不协调及反应迟钝等。

⑤ 内脏器官的症状有肝肿大或肝区疼痛、胸闷心慌、心悸气短、慢性肠胃功能不良等。

⑥ 免疫及抵抗能力方面的症状有免疫及抵抗力下降，淋巴结及扁桃体肿大、低热、发冷及无原因鼻塞等。

⑦ 血、尿常规检查方面的症状有血红蛋白下降、白细胞增多及淋巴细胞

相对减少，持续性蛋白尿或血尿等。

⑧ 形态方面的症状有消瘦及慢性体重下降等。

这些症状只要随队医生加强医务监督，运动员及体育爱好者和重体力劳动者加强自我保健，完全能即时发现，并彻底治疗。过度疲劳治愈后不会对器官系统造成大的或不可恢复的损害。但是，由于体力性过度疲劳往往发生在日常的生活、工作和运动之中，因此常常易被忽视。特别是优秀运动员在紧张比赛及训练期中，或者是中壮年人在激烈的生活和工作的竞争之中，因没有及时或无法根治长期积累起来的过度身体负荷，体力性过度疲劳就会发展，产生质的变化，即由可逆性病理改变向不可逆方向发展，成为生活性疲劳。运动训练中把这种因体力性过度疲劳发展的结果又称为运动性过度紧张。

运动性过度紧张指在日常生活及工作或运动中，因长期体力性过度疲劳没有及时或无法根治而带来身体机能和神经功能的崩溃现象。患有运动性过度紧张的病人，常常在一次训练和比赛或体力工作后即刻或短时间内发病。病症表现有以下几个方面：

① 急性肠胃功能紊乱和"运动应激性溃疡"，头痛头晕、恶心呕吐，以致出现呕血。

② 昏厥，突然出现一次性知觉丧失，清醒后仍感不适。

③ 急性心脏功能不全和心肌损害，有的出现急性心肌梗死，甚至因心脏病引起猝死。

④ 脑血管痉挛，突然发生一侧肢体麻木，动作不灵活或麻痹等。

应当指出，近年来日本、泰国等相继报道的"过劳死""猝死"等情况，多半都是在长时间紧张劳动或工作后出现的，所以也应当归为运动性过度紧张的恶果。据日本厚生省报道，在 $30\sim65$ 岁年富力强时期死亡的人中，有 59.3% 的人为健康者。从死因来看，因脑血管疾病死亡的人中，自述头痛者的人数为 24.3%；因心力衰竭而死亡的人中，29.5% 的人有疲劳感和倦怠感。这些数据足以引起各界人士的高度警惕和重视。

（2）心理性过度疲劳

心理性过度疲劳主要指在日常生活、工作或运动中，因长期从事精神负担过重、神经紧张性过高、思想压力过大，并且节奏过于单调的脑力及精神活动，而带来的身体机能，特别是神经功能调节紊乱、各器官系统组织学改变，并导致机体工作能力，特别是神经系统的工作能力降低的现象。由于心理性过度疲劳涉及的患者范围较体力性过度疲劳更广，因此，很难提出这一综合征的统一症状模式。心理性过度疲劳一般有以下症状：

① 精神方面的症状有疲倦无力、精神紧张、烦躁不安、记忆力下降、思想不集中及情绪焦虑等。

② 睡眠障碍方面的症状有彻夜不眠、思绪飘浮等。

③ 其他综合症状有低热、怕冷、食欲不振、易出汗、胸闷心慌及抵抗力降低等。

这些症状同体力性过度疲劳一样，只要加强医务监督和自我保健，就能及时发现和根治。但是，由于疲劳与过度疲劳间的界线不明确，特别是过度疲劳可逆性变化时相症状的日常性和隐秘性，使长期堆积起来的过度精神负担和压力难以得到及时发现和根除，而使心理性过度疲劳的病理变化向不可逆方向发展，由可逆性病理变化发展到不可逆病理变化时相，成为生活性疲劳，即精神性过度紧张。

精神性过度紧张指在日常生活、工作或运动中，因长期心理性过度疲劳没有及时或无法根治而带来的神经崩溃现象。其症状有神经错乱、记忆力丧失、视觉障碍等。病情严重者还可能自感死期已近，产生厌世情绪，个别人甚至走上轻生之路。由于这部分患者在运动训练和体育锻炼中不常见，因此我们只作简单介绍。

当然，如同疲劳的分类一样，过度疲劳也不可能截然划分为体力性和心理性两大类。在日常活动及体育训练中，它们是相互联系、相互渗透的。近年来，被日本、美国、法国、俄罗斯等国的科学家以及医生称为慢性疲劳综合征的疲劳病，实际上就是过度疲劳，是由于长期从事强度太大、负荷太重、节奏太快的体力和脑力活动而引起的机体平衡失调。

综上所述，过度疲劳确实威胁着人们的健康，特别是威胁着运动员的健康，致使一些运动员运动寿命缩短。因此，过度疲劳的上述规律及症状务必引起医生、教练、运动员的高度重视。

1.5.3.2 过度疲劳的产生原因及预防

（1）体力性过度疲劳产生的原因

由于过度疲劳症状的日常性和隐秘性，特别是它对现代文明、社会的生活和工作所带来的危害，使各国运动医学界及医学界对其倍加重视，并对过度疲劳产生的原因及规律取得了一定的研究成果。

我国学者岑浩望研究员认为，过度训练发生的直接原因大致有以下 10 个方面：

① 持续进行无明显节奏的大运动量训练，而缺乏必要休整，由此引发的过度疲劳占所观察的实验对象的 46%。

② 运动训练不系统引发的过度疲劳，占所观察实验对象的 10%。

③ 冬训转春训时训练安排不当，由此引发的过度疲劳占所观察实验对象的 8%。

④ 训练安排注意个人特点不够，由此引发的过度疲劳占所观察实验对象的 3%。

⑤ 没有足够的身体准备就参加比赛，由此引发的过度疲劳占所观察实验对象的 3%。

⑥ 连续比赛缺乏应有休息，或比赛后身体没有恢复又继续进行大运动量训练的，由此引发的过度疲劳占观察实验对象的 6%。

⑦ 带病参加正规训练，而引发过度疲劳的占所观察的实验对象的 12%。

⑧ 手术后过早参加训练，而引发过度疲劳的占所观察的实验对象的 1%。

⑨ 精神因素造成过度疲劳的占所观察的实验对象的 3%。

⑩ 无法追查原因的占所观察的实验对象的 8%。

由此可见，引起体力性过度疲劳的首要原因是持续进行无明显节奏的大运动量训练，而又缺乏必要休整；其次是带病参加正规训练和运动训练的不系统；再次为冬训转春训时训练安排不当和比赛及训练后的调整不够。由此三项原因引发的过度疲劳占所观察的实验对象总数的 82%。因此，许多学者认为：对体力性过度疲劳的预防，主要应放在教育学恢复手段的合理安排和必要的医务监督上。

（2）体力性过度疲劳的预防

在多年的运动实践中，许多教练员、运动员及运动医学工作者总结了许多行之有效的预防措施，其要点为：

① 合理安排训练周期及训练强度，注意节奏性和及时进行调整。

② 加强大运动量训练及比赛后的恢复措施，保证足够的睡眠和营养。

③ 定期作身体功能检查，并要求运动员坚持填写个人卫生保健卡。

④ 注意个体差异，特别是对伤病队员更要制定切实可行的训练计划。

⑤ 生活安排要丰富多彩，劳逸结合，注意环境、气候、季节及个人情绪的变化对运动员机体的影响。

（3）心理性过度疲劳产生的原因

有关心理性过度疲劳原因的研究，近年来有许多新发现，认为它不仅涉及心理因素，而更重要的是与艾滋病一样，是因一种逆转录病毒的免疫异常而造成的，它的症状类似艾滋病初期的症状。用治疗艾滋病的试验性药物对这种病例治疗有一定效果，支持了这种观点。

最直接的证据来自马丁（Martin）在美国疾病控制中心的一次会议上的报告。他从约 10 名慢性疲劳综合征病人的脑脊液中培养出了一种泡沫病毒，这种病毒在健康志愿者中未发现。他认为，这种病毒能引起慢性疲劳综合征。另外，Levy 在该次会议上报告的研究成果，也支持免疫功能对疲劳造成影响的观点。他发现，在 147 例慢性疲劳综合征病人中，症状严重者 CD8 细胞活化增加，CD8 抑制细胞数减少，由于这种不平衡，免疫系统产生过量的细胞因子，引起疲劳、肌肉疼痛和慢性疲劳综合征的其他症状。另外，费城 Wistor 研究所的 Freitas 也发现，一种逆转录病毒与慢性疲劳综合征有联系。

总之，这些证据都支持了引起慢性疲劳综合征的原因是病毒的观点。虽然这些证据还未最后肯定，但可以认为，以上的研究为运动性疲劳提供了一个新的研究方向。

（4）心理性过度疲劳的预防

对这种慢性疲劳综合征的预防，除了等待进一步的研究结果外，在目前条件下，采用如下预防要点是必不可少的：

① 合理安排工作、休息（包括积极性休息）的强度及节奏，生活要丰富多彩，特别是注意劳逸结合。

② 在紧张工作之后，要保持足够的睡眠和营养。

③ 定期进行身体功能检查。

④ 思想上要拿得起、放得下。

此外，有学者认为当心理性过度疲劳的产生原因是脑力劳动时，植物性神经的紧张难以恢复到原有水平，因此疲劳容易蓄积。广田公一认为，在体力劳动时，类肾上腺素样兴奋物质的分泌旺盛，但是同时其分解也旺盛。而脑力劳动时则分解比分泌困难。体力劳动容易使交感神经的紧张转换成副交感神经的兴奋，使能量合成容易进行。而且，副交感神经紧张的顶点就是睡眠。从这个意义上讲，在以脑力劳动为中心的工作中，对心理性过度疲劳的预防方法，最主要的就是适当的运动加上足够的睡眠，并配合合理的营养和医务监督。

1.5.3.3　过度疲劳的判断及治疗

如何判断过度疲劳是防治过度疲劳工作中的重要环节，但是，疲劳与过度疲劳的可逆性病理变化时相之间很难划条界线。这给制定疲劳和过度疲劳的判断标准带来了障碍。两者在许多情况下是兼而有之、极易混淆的。这里仅就部分过度疲劳的判断方法做简单介绍。

（1）部分判断过度疲劳的方法

① 判断过度疲劳的正确步骤及态度　如果人们在日常生活、工作或运动

中，常有疲惫不堪、有气无力等疲劳感时，首先要分清是急性还是慢性疲劳。

如果疲劳感是在从事了剧烈体力或脑力劳动之后产生的，则可初步判断是急性疲劳，只需经过一段时间休息就可完全恢复正常，并且可能还更加健康和精神。

如果疲劳感是由于长期的劳累或长时期的剧烈体力活动和长期高度脑力活动而产生的，并经休息疲劳仍难以消除，则运动员可能进入慢性疲劳阶段。在这种情况下，首先应对其进行系统检查，判断过度疲劳的程度，防止疲劳进一步积累而引起的过度疲劳的病理变化，防止可逆性疲劳向不可逆性疲劳方向发展转化。

当然，如经检查确诊，已患生活性疲劳，则应由专业医生对症治疗，以求得精神与体力的重新平衡。

人们或运动员对患过度疲劳的正确态度应是，既不惊慌失措，又不掉以轻心。而应及时求得队医和运动医学专家的帮助，经过系统的检查、采取有效措施，及时恢复健康。

② 过度疲劳的自我判断法　过度疲劳的自我判断方法是多种多样的。前面论述过的过度疲劳综合征的症状有许多就可用来帮助自我判断过度疲劳。这里仅从日常生活的角度，介绍两组过度疲劳的自我判断方法及标准。

第一组自我判断过度疲劳的方法和标准包括：

A. 早晨起床便觉得难受。

B. 上楼梯双腿无力并容易绊倒。

C. 眼看汽车进站也懒得紧跑几步赶上车。

D. 说话有气无力、连不成句。

E. 常常不自觉地用两手托腮依靠在桌边，感到两手发硬、发紧。

F. 两眼干涩睁不开，瞌睡打得过多。

G. 烟酒过多。

H. 体重慢慢地下降。

I. 容易腹泻或便秘。

J. 难以入睡。

以上 10 条，如果有 1～2 条符合，则说明运动员有轻度慢性疲劳；如果有 3～4 条符合，说明运动员有中度的慢性疲劳；如果有 5～6 条符合，说明运动员有较严重的慢性疲劳，应引起高度警惕。

第二组自我判断过度疲劳的方法和标准包括：

A. 近期工作量急剧增加，承担的责任也至少比别人重一倍。

B. 包括加班在内，几乎每天工作量都在 10 h 以上。

C. 工作时间不规律，而且常常在晚上工作至深夜。

D. 在相当长的时期内，节假日也要工作和训练。

E. 外出比赛多，非常希望每周能在家里睡两夜安稳觉。

F. 每天吸烟多达 30 支以上。

G. 近几个月几乎每天晚上都为交际应酬而喝酒。

H. 每天喝 4～5 杯咖啡，或几杯浓茶，并且这一习惯已持续一年以上。

I. 吃饭的时间和次数不定，食品中动物性脂肪偏多。

J. 相信自己健康，已两三年没看过病。

K. 最近身体酸懒无力。

L. 最近体重急剧增加或急剧减少。

M. 最近头部经常剧烈疼痛，胸部憋痛。

N. 突然变得容易忘事。

O. 突然别人认为自己老了，自己也有这种感觉。

如果上述 15 种状况中运动员有 7 种以上，则反映有中至重度的过度疲劳，应调节自己的生活，并加强医务监督，接受医疗检查，以及接受医生的指导和治疗。

③ 判断过度疲劳的医学检查方法　判断过度疲劳的医学检查方法是诊断过度疲劳程度的重要一环，并且也是判断过度疲劳程度的客观依据。现代科学技术的发展，为客观定量判断过度疲劳提供了保证。医学检查方法较多，这里仅就心电图检查和血尿常规检查做简单介绍。

心电图可以用做判断过度疲劳的指标。有研究报告，中等运动量负荷试验后，ST 段下降超过 0.5 mm 的占 74.7%，超过 0.75 mm 的占 33.3%，5 min 内未能恢复；T 波电压常比安静时下降或倒置加深；负荷后有的出现早搏，原有过早搏动常增多或呈多源性；P - R 间期、QRS 间期都较安静时延长。

血尿常规检查也是判断过度疲劳的指标。经研究，患过度疲劳的运动员化验检查结果表现为：血红蛋白下降、白细胞增多，淋巴细胞相对减少，负荷后血中乳酸含量增多，尿蛋白排泄量常比训练状况良好时增多，有的运动员还出现血尿。

（2）过度疲劳的治疗

一旦确诊为过度疲劳，其治疗一般应按照四个基本原则进行，即消除病因，调整生活和工作节奏，或调整训练内容和训练方式，及时对症治疗，做好患者的思想工作，放下包袱配合治疗。

① 对体力性过度疲劳的治疗　首先要了解清楚致病原因。如果是带病参赛引起的过度疲劳，则需停训，先根除引起身体不适之病因的办法。如果是因持续进行无明显节奏的大运动量训练引起的过度疲劳，则应视病情程度采取减量，直至停止训练、离队治疗等措施。其次，无论哪种致病原因引起的体力性过度疲劳，在治疗期间都应加强营养，保证充足的睡眠，调节生活节奏以及辅以其他必要措施。

在药物方面，除针对某些病症或疾病使用的特殊药物外，还可辅之以大剂量的维生素，尤其是维生素 B 族、维生素 C 和某些强壮剂。还可补充适量的葡萄糖、能量合剂等。此外，有人还从祖国医学的角度认为过度疲劳必然伤气、耗精，导致脏腑阴阳气血的虚损或失调。

② 对病毒性过度疲劳的治疗　由于该类过度疲劳的病因还不十分清楚，故在为我们提供更具针对性的特殊治疗的研究未取得结果之前，强身健体、增强抵抗力是根本大法；同时也要调节生活和工作节奏，加强营养和保证充分睡眠。在药物方面，有资料报道，治疗艾滋病的试验性药物对这种病例有一定的疗效。

③ 对心理性过度疲劳的治疗　心理性过度疲劳常与植物性神经的紧张性有关，特别是与交感神经兴奋向副交感神经转换能力降低有关。因此，治疗时调节生活节奏，形成良好的生物节律是必要的，但更主要的还是在积极体育疗法上下功夫，按时参加适量的体育活动，如打太极拳、练静养功等。

如果失眠障碍严重，除找医生设法找出失眠原因并对症下药外，还必须养成良好的睡眠习惯，应为睡眠创造良好的条件。卧室及床只做睡眠之用，进入卧室后宜随即关灯睡觉，切勿在床上阅读书报、看电视或讨论和想问题。保持床铺及四周环境的舒适，如光线、声音、温度以及寝室应适宜、舒服；尽量定时就寝及起床，节假日也不例外。每天坚持做一定量的运动，以利于调节植物性神经系统的功能。睡前喝杯加糖的牛奶，可能会有助于安睡。如有可能，洗个热水澡，以助建立规律的睡眠周期。宁可少睡也不要贪睡，避免前一天贪睡，而第二天难以入睡的现象。此外，若必须使用安眠药时，则尽量以短期服用为原则，避免形成依赖。同时，选用安眠药时，以副作用小和调节神经机能的药物为宜。

1.5.4　运动性疲劳与多器官组织损伤

在运动性疲劳，特别是其相关干预的研究中，力竭运动模型是最常用的研究模型。力竭运动可使机体神经系统、运动系统、循环系统、生殖系统、消化系统等多系统的器官组织发生病理性改变和功能障碍。近年来，其对机体的损伤越来越受研究人员的重视[3,4]。

1.5.4.1 运动性疲劳与骨骼肌损伤

机体运动离不开骨骼肌的参与，骨骼肌损伤是运动训练中常见的疾患。Raj 等报道，力竭运动后，大鼠骨骼肌有中性粒细胞的积聚，且髓过氧化物酶活性显著升高，证明运动疲劳中存在骨骼肌炎性坏死现象[8]。Proske 等研究发现，在骨骼肌牵拉收缩练习后，肌节结构遭到破坏，纤维变性，细胞膜通透性增高，发生巨噬细胞浸润[9]。Morgan 和 Allen 等的研究也发现，在长时间或者高强度运动后，骨骼肌会发生超微结构改变，Z 线呈现异常，肌节界限模糊、长度不一致，肌原纤维区域性解体，血液相关酶增加，骨骼肌肌力下降，出现酸痛，运动范围减小[10]。

运动性骨骼肌损伤主要涉及收缩结构、线粒体在内的细胞器、细胞膜通透性、兴奋-收缩偶联系统等方面的变化。而由于再生能力有限，以及瘢痕组织的存在，骨骼肌愈合时程度和质量都会受影响，损伤后对运动能力和运动寿命将构成一定程度的威胁。

1.5.4.2 运动性疲劳与心脏损伤

力竭性心脏损伤在临床上主要表现为：心脏形态学病变，心律失常、心功能降低、血清心肌损伤标志物异常、晕厥甚至猝死等。据一项美国 158 例运动猝死的调查分析显示，心血管疾病原因导致猝死的占 85%[11]。

Wang 等分析力竭后大鼠不同时相的动态心电图，发现力竭运动使大鼠心率代偿性加快，心电图发生异常，P 波和 R 波显著增高，ST 段明显抬高，QT 间期延长，且在 24 h 内，这种异常未能得到恢复[12]。Ping 等报道，力竭运动使大鼠的心脏系数显著增大，心肌过度肥大，左室舒缩功能受损；光镜和电镜下观察发现，大鼠心肌肿胀，间质血管扩张、增宽，伴有炎性细胞浸润，心肌超微结构改变，肌原纤维部分断裂，线粒体明显受损、肿胀、空化[13]。而 Mohlenkamp 等研究报道，健康男性马拉松运动员，在 55 岁后，如果 3 年内参加 5 次以上比赛，患冠状动脉钙化的风险可能较高[14]。一项关于 294 名马拉松运动员的 Meta 分析结果显示，运动员左心室收缩功能显著性降低，心室呈现出应变和扭曲的迹象[15,16]。

与心脏结构和功能改变相一致的是，血清心肌损伤标志物的明显上升。力竭运动后，血清心肌肌钙蛋白 I（Cardiac troponin I，cTn I）、心肌型肌酸激酶（MB isoenzyme of creatine kinase，CK - MB）、乳酸脱氢酶（Lactate dehydrogenase，LDH）会显著升高。有研究报道，在马拉松比赛中也发现，运动过程或者运动后，血清心肌损伤标志物明显增加[17,18]，进一步证实了过度训练或力竭运动诱发心肌损伤，增高细胞膜通透性，从而促使 cTnI、CK - MB 等损伤标志物进入血液的量增加。

1.5.4.3 运动性疲劳与肝脏损伤

肝脏是调节机体各大营养物质代谢的重要器官，肝糖原的合成、储存及分解对维持骨骼肌、中枢神经系统功能及血糖的正常水平非常重要，与机体的运动能力密切相关。

肝组织对缺血、缺氧相当敏感。研究表明，力竭运动导致的疲劳状态下，肝组织的缺氧可引发肝组织损伤，肝代谢会因此产生不同程度的异常变化。同时，肝组织的结构和功能也会发生相应的病理性改变。在力竭等大强度剧烈运动后，肝组织基本结构模糊，肝细胞出现一定程度的水样变性或浑浊肿胀[19]，细胞膜受损，线粒体肿胀，膜和崎断裂或溶解、空泡化，内质网不规则扭曲、扩张，与此同时，糖原颗粒分布不均匀、数目明显减少。此外，研究还发现肝细胞超微结构的损伤程度，会随力竭的重复次数增加而增加[20]。

1.5.5 运动性疲劳产生机制的研究

运动性疲劳是全民健身和运动员训练中普遍存在的现象，已成为威胁生命健康的重要因素之一。研究运动性疲劳产生的生物学机制，采取相应对策，对提高锻炼和训练效果，改善运动能力具有重大的理论和实际意义，已成为各国科研工作者不懈努力的课题。

运动性疲劳的出现涉及多方面功能的紊乱，与所从事的运动本身特征有密切的关系。目前关于运动性疲劳产生机制的分析主要有两方面：①从中枢到外周的神经-肌肉传导、神经-内分泌、免疫和代谢调节的疲劳链；②从人整体观念分析的突变理论。这两方面理论是相辅相成的，只是在分析问题时着重于不同的角度。在运动中，肌肉作功能力下降是疲劳的表现，在此过程中从大脑到肌肉存在一系列可以引起疲劳的环节。运动性疲劳是多因素的综合反映，一个或同时几个因素的变化会相互作用，导致运动性疲劳的出现。运动过程中机体细胞内能量物质的消耗加速、代谢产物增加、肌肉力量下降、肌肉兴奋性和活动性改变等综合起来，当这些因素变化达到一定程度时，机体为了保护自己免于衰竭，以疲劳的形式表现出来。迄今为止，认为运动性疲劳生物学机制主要与中枢代谢、神经肌肉传递、内分泌调节、能量衰竭、内稳态失调、免疫系统机能、自由基氧化应激、NF - κB 介导的炎症反应及细胞凋亡等密切相关。

1.5.5.1 运动性疲劳与中枢代谢

早年的研究表明，运动性疲劳时，大脑中 ATP、CP 水平明显降低，糖原含量减少，γ-氨基丁酸水平升高。近年来对长时间运动时神经疲劳代谢变化的研究表明，血液色氨酸和支链氨基酸（BCAA）在运动时浓度比值的改变，造成脑中某些神经递质的前体（苯丙氨酸、酪氨酸、色氨酸）进入脑组织增加，色氨酸可转变为 5-羟色胺（5-HT），5-HT 含量升高可引起倦怠、食欲不振、疲劳紊乱等疲劳症状。在激烈运动时脑中 5-HT 浓度明显升高。因此，在营养中提高 BCAA 的供给量，有助于运动时保持 BCAA 与色氨酸比值，从而降低 5-HT 引起大脑疲劳的作用。

1.5.5.2 运动性疲劳与神经肌肉传递

神经肌肉传递过程中引起疲劳的部位主要为肌膜。在肌膜部位与肌肉收缩能力有关的因素有：

① 葡萄糖、脂肪酸和乳酸等跨膜转运。

② pH 调节，H^+ 和乳酸根转运 Cl^-/HCO_3^-，Na^+/H^+ 等膜内外交换。

③ Ca^{2+} 输送，Na^+/Ca^{2+}、Ca^{2+}/ATP 酶交换。

④ Na^+、K^+ 细胞内外交换，使细胞外 K^+ 升高，细胞内 Na^+ 升高，膜电位改变，K^+-Na^+-ATP 酶活性改变造成兴奋性紊乱。

⑤ 多肽类和儿茶酚胺类受体部位改变。这些因素改变，使细胞和细胞膜功能紊乱，造成疲劳。

1.5.5.3 运动性疲劳与内分泌调节

运动可引起体内内分泌的一系列变化。大量研究表明，运动性疲劳时，内分泌失调是导致运动能力下降的主要因素，而内分泌失调的主要表现为神经-内分泌系统机能下降，长时间运动后血清糖皮质激素、促肾上腺皮质激素（ATCH）、肾上腺髓质激素、胰高血糖素、生长激素和睾酮均出现不同程度的下降。结果使机体出现机能最大水平下降，在特定的水平上维持运动的最长时间下降，出现运动性疲劳。进一步的研究表明，长期大负荷运动后，体内睾酮含量显著下降，进一步导致骨骼肌蛋白质合成下降，引起骨骼肌肌力的下降，从而易引起运动性疲劳，导致运动能力下降。

1.5.5.4 运动性疲劳与能量衰竭

运动过程中，三磷酸腺苷（ATP）、磷酸肌酸（CP）、糖、脂肪及蛋白质等大量消耗，机体能源出现短缺，工作能力降低，无法完成额定工作，被认为是造成运动性疲劳的直接原因。ATP 是机体活动、肌肉收缩的直接能源物质；CP 能够快速再合成 ATP；而葡萄糖作为主要能源物质，则是通过有氧或无氧代谢途径，生成 ATP，为机体提供能量。长时间大强度运动中，肝糖原、肌糖原被大量分解利用，血糖浓度降低，ATP 供应严重不足，脑组织和骨骼肌工作能力下降，从而导致运动性疲劳[21-23]。

1.5.5.5　运动性疲劳与内环境稳态

正常情况下，血浆渗透压、血液 pH、水盐代谢等均处于稳定的动态平衡中。大强度运动时，机体代谢发生改变造成内稳态失调，致使电解质浓度、血浆渗透压随之改变，血液 pH 降低，引发疲劳[24]。

1.5.5.6　运动性疲劳与免疫系统机能

长时间运动可引起细胞免疫和体液免疫功能下降而致机体免疫能力下降，但不同免疫细胞或免疫球蛋白在运动后或恢复期中变化不是同步的，说明运动疲劳时免疫系统表现为机能下降和紊乱。这些变化和当前中医各种虚症时免疫系统机能变化基本一致。

1.5.5.7　运动性疲劳与自由基氧化应激

自由基化学上也称为"游离基"，化学反应活性较高。18 世纪末化学家在研究化学反应过程中，发现了自由基并提出了相关的概念。此后，生物、运动医学、体育等各个领域，都相继开展了关于自由基的研究，并取得了一定的成果。目前，自由基的研究已成为运动训练与研究的重要内容之一。

自由基是具有强氧化活性的基团，可由内质网和线粒体等细胞器产生，化学性质活泼，能与蛋白质、核酸、糖类及脂类等发生反应，从而损伤细胞和组织。自由基产生过多，可诱发内质网和肌纤维膜的完整性丧失，导致细胞功能障碍；能阻碍肌肉兴奋-收缩的偶联，造成骨骼肌收缩能力显著降低；可抑制呼吸链的 ATP 产生，致使能量供应不足，机体功能明显下降，引发疲劳[25,26]。

（1）自由基的研究概况

Comberg 在 18 世纪的时候，第一次对有机自由基的概念进行了阐释。伴随着研究的不断深入发展，Harman 在前人研究基础上，提出了"自由基学说"，而且通过不少实验，发现自由基与某些疾病存在较为密切的关系。其他科学家如 Mc Cord 和 Fridovich 等在 1968 年发现了超氧化物歧化酶对于抗氧化的重要意义，由此开创了自由基生物学方向的研究。

自由基有很多种，体内的自由基主要是指含氧自由基（ROS），其形态有很多种，主要为超氧阴离子、过氧化氢、羟自由基等。自由基的存在形式主要有分子、原子或原子团，然而其电子总数为奇数，具有不稳定性，需要从外界获得一个电子才能达到稳定的状态，因而具有氧化性。过多的自由基一般会对细胞组织、脂肪组织和蛋白质内部结构产生不良影响，使得体内一些器官发生病理性变化导致疾病发生[27]。同时还发现它们的一些化学性质比较活跃，比如有比较强的氧化反应能力，并且可以调节信号转导通路中氧化还原敏感的蛋白激酶，而且会通过影响这些蛋白酶的活性，调节基因的表达[28]。

作为机体的重要的活性成分，在细胞信号转导中，自由基通常是以第二信使的身份参与[29]。自由基在人体内有高度的氧化性，增殖比较快速。体内的自由基主要由机体自身产生。氧自由基是体内自由基的核心成分，氧自由基具有活泼的化学性质，在一般条件下极易发生氧化还原反应。

一般来说，ROS 在机体的产生与消除是处于平衡状态的，正常情况下不会对机体产生不良影响。但如果机体受到某些化学物质或外源体刺激后，自由基代谢就会加强，过多的自由基会使机体氧化还原反应失衡，产生氧化应激，会损坏细胞组织、脂肪组织和蛋白质内部结构，并导致机体器官发生病理性变化，引发免疫系统功能、炎症和肿瘤等疾病[30]。Jennifer 等科学家发现，少量的 ROS 能促进细胞增殖和有丝分裂，但在中量的 ROS 条件下，细胞就会出现生长停滞，如果 ROS 过量，细胞则会出现情况比较严重的氧化应激，进一步诱导细胞凋亡或坏死[31]。自由基会损伤细胞膜、线粒体等，导致细胞功能消失，对于人体的运动能力会产生极大的影响。

（2）运动对自由基的影响

① 运动和自由基形成的关系　研究发现，运动与自由基尤其是其中的氧自由基有着密切的关系。一般来说疲劳基本上是氧自由基升高的重要原因，特别是对于运动中的运动员来说。细胞膜系统的一个重要构成成分是多不饱和脂肪酸，而当我们由于运动导致体内的 ROS 增多时，它就可能会与细胞膜上多不饱和脂肪酸发生脂质过氧化反应，所以我们认为运动时多不饱和脂肪酸一般会是 ROS 攻击的对象。而这样导致的结果一般情况下会使细胞膜上的受体受损、相关的酶活性改变，严重的可能会破坏三羧酸循环的电子传递，从而导致发生运动性疲劳。

1978 年，Dillard 等研究显示，以 $55\% \sim 75\%$ 最大摄氧量的运动强度，持续骑自行车 1 h 后，在呼出的气体中，戊烷等脂质过氧化物比例明显增加，因此在运动医学领域，首次提出了自由基理论[32]。1982 年，Davies 等采用大鼠在动物跑台上力竭运动的模型，应用电子自旋磁共振技术对肝脏和骨骼肌中的自由基信号进行检测，发现自由基信号比安静时增加了 $2 \sim 3$ 倍，同时，自由基的数量与膜的完整性成负相关；他们的研究表明力竭运动后，肝脏的自由基含量升高，肌肉中的自由基也有明显升高。在大强度运动情况下，机体消除自由基的能力不能够平衡运动过程中自由基的生成，进而使得脂质过氧化增加，由此来判断可知运动是自由基生成的主要因素。他们的研究首次为运动性疲劳的自由基理论提供了直接的证据[33]。随后，大量研究表明，进行力竭等高强度运动时，机体的代谢伴随着自由基，特别是氧自由基的大量生成，诱导脂质过氧化反应的发生，促使丙二醛等脂质过氧化物显著增多，从而改变了膜的通透性和流动性，并损害膜上的离子通道、受体和酶，破坏内质网的正常结构，影响线粒体的电子传递链，阻碍 ATP 的合成，促使 AMP 生成增加，并伴随黄嘌呤的大量生成，进而产生更多的自由基，形成恶性循环，最终导致运动性疲劳的发生[34,35]。例如，张勇等在以递增负荷力竭性运动为运动疲劳模型的情况下，研究了大鼠力竭运动后肝脏和骨骼肌线粒体自由基的变化趋势，从而得出结论——力竭运动后，骨骼肌和肝脏线粒体中自由基的生成都有明显的增多趋势。由此说明，运动性内源自由基最主要的来源是骨骼肌和肝脏线粒体呼吸链电子外漏，且自由基是在递电子体传递过程中产生的[36]。

② 剧烈运动引起脂质过氧化物增加　由于直接检测自由基比较困难，人群研究大多数采用间接标志物来阐述运动引起的氧化应激，其中最常用的指标是脂质过氧化物，主要是对脂质过氧化物分解产物丙二醛（Malondialdehvde，MDA）的测定。尽管有部分研究未显示 MDA 水平增加，甚至一些研究结果显示 MDA 水平的下降，但仍有大量人群实验研究显示，无论受试者是男性还是女性（大多数研究的受试者是男性），受过运动训练还是未受过运动训练，无论检测 MDA 的方法是分光光度法、荧光法，还是紫外（荧光法）/高效液相色谱法，无论是一次性剧烈运动（如力竭运动）和长时间高强度运动（如 $21 \sim 80\ km$ 跑）均会引起 MDA 水平显著增加，甚至增加 220%（$6 \times 150\ m$ 冲刺跑后）[37-39]。除 MDA 外，还有一些脂质过氧化物指标也可以反映运动引起的氧化应激反应。常用的指标有异前列腺素、脂质氢过氧化物、乙烷和戊烷。异前列腺素性质稳定，前列腺素类化合物是由花生四烯酸在体内过氧化产生，血液、尿液和唾液中都可检测到，加之其潜在的氧化活性，是研究体内氧化应激很好的标志物。人体研究显示，经过高强度的自行车（$20\ min$，$80\ W$）或长时间跑步（如 $50 \sim 80\ km$ 跑）之后，血浆异前列腺素水平均显著提高[40,41]。同样，长时间运动（如 $3\ h$ 马拉松跑或 $60\ min$ 亚极限登车）后，血浆中脂质氢过氧化物水平和呼气中乙烷、戊烷均增高，表明运动可引起脂质过氧化。

③ 动物模型研究不同运动形式对自由基代谢的影响　20 世纪后期，关于自由基和急性运动之间的关系已有不少研究。有科学家采用 ESR 技术研究发现，急性运动后检测大鼠的肌肉，自由基信号增强了 $2 \sim 3$ 倍；1985 年，杰克

逊同样应用这种技术证明电刺激大鼠骨骼肌后，骨骼肌自由基出现升高趋势。我国学者用 ESR 技术研究大鼠疲劳运动后也发现，大鼠快肌中的自由基信号有显著升高，同时表明它与疲劳的程度是一种正相关的关系。

有人研究小鼠在力竭性游泳运动后骨骼肌内的一些变化，发现自由基比安静时显著升高，过氧化脂（Lipid peroxide，LPO）水平较安静组有明显升高，从而会使得肌细胞膜通透性改变，同时血清 CK、LDH 活性明显升高[42]。还有一部分研究表明，短时间大强度运动也会使自由基的产生增加，但其深层次的原因还不太清楚，需要从细胞分子的角度进一步研究。

耐力运动过程中自由基代谢也会发生变化。郭林等通过研究发现，在大鼠进行耐力性运动前及运动后不同时间段，肾脏的脂质过氧化水平表现有明显变化；同时，大鼠肾脏在运动结束即刻与运动前比较，自由基的水平有明显增加[43]。还有人在研究耐力运动对自由基活性影响时发现，中长跑运动员在进行大运动量训练后，其 MDA 水平与安静时比较具有显著性差异[44]。

上述几个研究显示，长时间耐力运动可以促进自由基产生。有研究表明，连续 2 天跑台运动，60 min/d，14 m/min，10% grade，运动后即刻处死，可以引起鼠心肌 ROS 增加，活化 Nrf2 – Keap1（Nuclear factor E2 related factor2/Kelch – like ECH – associated protein1）途径，机体抗氧化能力增强。在有氧运动训练过程中所产生的 ROS 会通过 NF – κB 等转录因子，对细胞基因的表达进行调节以及调控线粒体的生物发生过程，所以认为，由耐力运动训练形成的适应过程，与其内源性氧化物介导的调节关系有着非常密切的联系[45]。

④ 细胞模型研究不同电刺激形式对自由基代谢的影响　由于大部分细胞，比如分化的骨骼肌肌母细胞 C2C12 细胞，可以合成与在体骨骼肌细胞相同的蛋白质，并能完成与在体骨骼肌细胞同样的收缩。因此，我们把该类细胞当做是研究骨骼肌细胞功能的适宜细胞模型，这就为我们提供了一个研究在体实验的平台[46]。

所谓电刺激是指采用特定的频率、波形和脉冲电流，模拟在体肌肉收缩，人为地使肌肉进行收缩运动。这种方法现在很受重视，已经把它作为一种辅助手段和训练方法应用在了平时的训练当中。

活性氧是机体正常新陈代谢重要产物，在机体内起着重要作用。一般情况下，细胞内活性氧生成的主要来源有四种途径，分别是膜结合酶如 NADPH 氧化酶、线粒体电子传递链、黄嘌呤氧化酶、细胞质中的 NADH 氧化酶等[47]。在机体正常状况下，活性氧的产生与消除是处于动态平衡状态的，当外来刺激如运动作用于机体，使体内自由基增加时，氧化还原平衡就会被打破，机体则会处于氧化应激状态，且对组织和细胞产生伤害，此时体内抗氧化应激系统就会被激活，帮助清除多余的活性氧。研究表明，活性氧可以作为第二信使，改变体内相关的氧化还原状态，原理是通过调节相关的信号转导通路中多种靶分子的活性，而这些酶活性一般都与细胞增殖、分化及凋亡密切相关。Isabella Irrcher 等利用电刺激细胞的方法进行过研究，发现对骨骼肌肌母细胞（C2C12）肌管进行一次性的电刺激后即刻，转录因子早期生长反应基因（*Egr1*）的表达迅速增加。分析其原因，主要是调节了骨骼肌表型变化。因此认为，一定强度电刺激肌管，能够使骨骼肌细胞的基因表达发生改变，而且可以诱发不同特异转录因子的表达，同时还会引起骨骼肌出现适应性变化，这主要取决于电刺激肌管收缩活动的时间和间隔[48]。Bayol 等研究发现，长时间低强度低频率的电刺激，可引起 C2C12 细胞线粒体末端氧化酶、线粒体 ATP 合成酶等酶活性增高、氧化能力增强、线粒体增殖及与收缩相关的基因表达的增加[49]。Hood 等（2001）也发现长时间的电刺激或运动训练，会使骨骼肌线粒体 mRNA 的表达升高，同时，电刺激 C2C12 肌管还发现，细胞色素 C 氧化酶活性也会增加，并且与在体研究结果相似。

研究表明，电刺激的频率与电刺激时间的长短，对于 ROS 的产生有着很大影响。Leonardo 等研究发现，用不同电刺激强度来刺激骨骼肌细胞时，高强度组的 ROS 量，无论是细胞内还是细胞外，与对照组相比都有明显升高；但是中等强度组与对照组相比，ROS 的量则没有显著性变化，说明在中等强度下，细胞内状态比较稳定。同时 Pattwell 的研究进一步证实了此发现，他通过研究发现，增加电刺激细胞频率后，线粒体活性与先前比较会有显著性升高，而且由自由基导致的过氧化氢的量与先前比较也会升高[50]。McArdle 等研究 ROS 释放的时程规律，他们用已经分化 6 d 的大鼠卫星细胞进行电刺激，且刺激强度为 2 ms、1 Hz、30 V，发现电刺激 15 min，体内的 ROS 便会快速升高。对于运动中线粒体自由基生成增多的原因，现在一般认为是运动时氧化代谢较平时加快，进而促进了呼吸链产生更多的自由基。潘红英等认为在采用 45 V、20 ms、5 Hz 强度电刺激 C2C12 细胞时，活性氧的量会增加，产生的过多自由基会使得细胞线粒体功能发生变化，同时，SOD、MDA 等一系列抗氧化酶系统也会发生改变，变化规律与某些在体研究相似[51]。

综上所述，虽然关于不同运动对自由基产生的研究越来越多，但对于它们之间更深层次的联系还有待进一步研究。比如反映自由基与氧化应激之间的内在机制指标问题，除了我们平时常用的 MDA 等指标，有无可能从更深层次的基因变化方面去研究；还有自由基在竞技体育和群众体育健康方面的实际应用情况，以及一些还存在争议的观点等。如果这些问题能得到解决，那么对于在运动训练中合理安排运动员的训练时间、运动强度、休息时间等将会起到非常重要的指导作用，也将为进一步减少运动损伤、运动性疲劳和提高大众健康水平等问题提供帮助。

1.5.5.8　运动性疲劳与 NF‑κB 介导的炎症反应

近年来，随着分子生物学的飞速发展，NF‑κB 介导的炎症反应的研究在运动医学领域也开始备受关注。研究表明，力竭等长时间大强度运动会诱发 NF‑κB 介导的炎症反应，也是引发多器官组织受损及运动性疲劳的重要原因[52-58]。

Goussetis 等研究发现长距离竞走使机体血清 IL‑6 水平显著升高[59]；Raizel 等在大鼠抗阻运动后，对 TNF‑α（Tumor necrosis factor）、IL‑1β（Interleukin 1β）及 IL‑6（Interleukin‑6）水平进行了测试，发现血浆和骨骼肌中的 TNF‑α、IL‑1β 及 IL‑6 水平均显著升高，同时 NF‑κB 被显著激活[60]；Choi 等也发现高强度运动后，大鼠血清 IL‑6 和 TNF‑α 水平明显增加，肌肉 *IL‑6* 和 *TNF‑α* 基因表达显著上升[61]。Hollander 等报道大鼠骨骼肌在一次长时运动后 NF‑κB 表达显著升高[62]；Powers 和 Kramer 等分别发现，运动过程中，骨骼肌收缩引起的 ROS 增加，经过信号级联放大，促进了 NF‑κB 的活化[63,64]；Cuevas 等研究证明专业自行车运动员大强度训练后 NF‑κB 的活性增加[65]；Ji 等也在运动大鼠中观察到 NF‑κB 的显著激活[66]；在体外电刺激肌管实验中，Miyatake 等也证明了肌管收缩会引起 NF‑κB 的过表达[67]。

总之，急性和长期剧烈运动会引起骨骼肌 NF‑κB 的级联反应，进而促进运动性疲劳的产生。

1.5.5.9　运动性疲劳与细胞凋亡

研究表明，急性和长时间剧烈运动会诱导机体细胞发生凋亡，且凋亡可能参与了运动性疲劳的全过程[68]。Mooren 等研究发现，力竭运动后即刻淋巴细胞凋亡百分比显著增加[69]；Huang 等在大鼠跑步力竭实验中发现，左心室细胞凋亡增加[70]；Wu 等也研究报道，力竭运动会使心脏凋亡细胞数和凋亡相关蛋白水平增加[71]。总之，运动性疲劳与骨骼肌、心肌、肝组织及免疫细胞等细胞凋亡密切相关。

（1）运动性疲劳与骨骼肌细胞凋亡

大量研究证实，急性激烈运动，或长时间大强度运动训练会引起骨骼肌细胞发生凋亡。1995 年，Sandri 等为了研究运动后骨骼肌细胞凋亡的情况，让肌细胞增强蛋白缺乏小鼠（mdx）和正常小鼠在转盘上进行持续一夜的运动，用 Tunel 法和琼脂糖凝胶电泳的方法，检测骨骼肌细胞凋亡的情况。结果发现无论 mdx 小鼠还是正常小鼠，在运动后骨骼肌细胞均出现 DNA 碎片（凋亡细胞），但是在静止的小鼠中未发现有凋亡的细胞[72]。1997 年，Sandri 等为了研究细胞凋亡在肌营养不良性萎缩中的作用，让 mdx 小鼠进行自发的运动，然后通过 Tunel 法、电子显微镜和 DNA 分析来检测骨骼肌细胞的凋亡。结果发现，mdx 小鼠在安静时就有凋亡的骨骼肌细胞，但在运动后凋亡的细胞显著增加，而正常对照鼠则未发现有凋亡的细胞。从而认为，骨骼肌细胞凋亡的增加是肌细胞强直蛋白缺乏性肌萎缩的病理机制，过度运动可通过增加骨骼肌细胞的凋亡，导致骨骼肌细胞的损伤[73]。

金其贯等通过对大鼠进行不同负荷的游泳训练，在对大鼠比目鱼肌进行组织结构观察的同时，用原位末端标记法检测骨骼肌细胞凋亡的情况。结果发现，力竭性训练组大鼠的骨骼肌组织中出现散在的骨骼肌凋亡细胞，而对照组和 1 h 训练组中未发现有凋亡细胞。虽然凋亡的骨骼肌细胞数量较少，但过度训练中出现骨骼肌细胞凋亡的百分率显著高于 1 h 训练组和对照组，而 1 h 训练组和对照组之间无显著差异。从而认为，长期大运动量训练时，肌肉的生理负荷量增加，肌肉的恢复能力下降，导致骨骼肌细胞发生凋亡，引起骨骼肌细胞的微细损伤，从而导致骨骼肌的工作能力下降[74]。王长青等对大鼠进行了为期 1、6、12 和 18 d 的运动训练，运动训练结束后 40 min 取材，用流式细胞技术（FCM）和 Tunel 法检测骨骼肌细胞的凋亡情况。研究发现，对照组骨骼肌组织中有自发性细胞凋亡发生，但百分比很低。而运动训练可使骨骼肌细胞凋亡的比例增加，其中以训练 18 d 组骨骼肌细胞凋亡的比例最高，从而认为，骨骼肌细胞凋亡的增加是导致运动性疲劳的重要原因[75]。

瞿宁厚等对骨骼肌缺血再灌注损伤的研究中，发现了骨骼肌细胞的凋亡，但预处理后，凋亡细胞数目减少，从而指出延迟性肌肉酸痛与骨骼肌缺血再灌注损伤，在病理机制上具有某些相似之处，而预处理也与高原训练、缺氧训练提高运动成绩的机理可能存在联系。

李雷等提出运动训练可启动细胞凋亡，负荷强度是关键性因素，若负荷强度过大，细胞尚未对刺激产生应激即发生坏死；若刺激仅使细胞受到损伤，则以凋亡的形式发生自杀性死亡；而细胞受损累积，则仍可导致细胞坏死。若在此负荷下长期训练产生适应，坏死的细胞则由凋亡途径清除，不引起周围组织的炎症反应[76]。可以认为，长期大运动量训练可引起骨骼肌细胞的微细损伤，而肌肉的生理负荷增加则使肌肉的恢复能力下降，骨骼肌细胞发生凋亡，从而导致骨骼肌的工作能力下降产生运动性疲劳。

（2）运动性疲劳与心肌细胞凋亡

心肌组织内血管具有分支少、吻合少、口径粗的结构特点，从而决定了心肌组织内血管的灌注压低。从心肌组织内压来看，在心缩期，从心外膜到心内膜具有一个递增的组织压梯度，内膜下心肌组织的压力超过血管的灌注压，因而内膜下的心肌组织的血液灌注主要依赖舒张期。内膜下心肌组织对缺血、缺氧具有较强的敏感性，一般情况下，通过一系列代偿机制，不会发生内膜下心肌组织缺血、缺氧，但在较大强度的运动负荷下，心脏容量负荷过重，心肌耗氧耗能增加，此外，运动时心率加快，心舒期缩短，血液灌注时间也缩短，这样就会发生心肌组织缺血、缺氧。

常芸等对大鼠进行了为期 16 周的运动训练，在大鼠急性运动后 24 h，心室内膜下心肌组织出现缺氧引起的变性改变[77]。金其贯等通过对大鼠进行力竭性游泳训练建立过度训练模型，结果发现过度训练的大鼠心肌组织，在常规 HE 组织切片上未发现有明显组织学病理变化，通过 DNA 原位末端标记发现，心肌组织中也有散在的心肌细胞凋亡，而 1 h 训练组中只发现一例出现凋亡细胞，正常对照组中未发现有细胞凋亡；同时，过度训练组中出现心肌细胞凋亡的百分率显著高于 1 h 训练组和对照组，而 1 h 训练组和对照组相比无显著差异。由此认为，长期大负荷的运动训练可引起心肌细胞发生凋亡，心肌细胞凋亡增多可能是早期运动性心肌损伤的主要表现，这可能也是过度训练影响心脏功能的病理机制之一[78]。

丁延峰等在进行缺血、缺氧引起心肌细胞凋亡的研究中也证实了心肌细胞的凋亡是不同于细胞坏死的一种死亡方式，并且提出了缺血、缺氧之前的预处理有助于减轻心肌细胞的凋亡[79]。

（3）运动性疲劳与免疫细胞凋亡

运动强度过大会导致机体免疫能力的下降。运动员在大运动量训练期间和训练后，出现免疫抑制的现象也已被大量的资料所证实。机体疲劳时，血液淋巴细胞内 Ca^{2+} 浓度增加，而细胞内 Ca^{2+} 浓度升高是细胞发生凋亡的诱导因素。血液淋巴细胞中 Ca^{2+} 浓度的改变、细胞凋亡率的变化可能是评定机体疲劳的重要指标[80]。

Mars 在 1999 年进行跑步力竭运动的研究中发现，运动后即刻和运动后 24 h 分别有 63% 和 86.2% 的淋巴细胞出现凋亡[81]。其结果在某种程度上说明运动诱发淋巴细胞的凋亡是运动后淋巴细胞减少的原因之一。由于免疫细胞的凋亡引起免疫机能的下降，进而导致机体抵抗力和代谢功能的紊乱，影响机体的运动能力，产生运动性疲劳。

红细胞（RBC）是机体重要的免疫活性细胞之一，参与机体免疫调控，RBC-C3BR（红细胞免疫受体）是实现 RBC 免疫机能的中心环节。陈渝宁等研究发现，短时间中等强度运动引起 RBC-C3BR 和 RBC-IC（红细胞免疫复合物）暂时性增强，RBC 免疫机能增强，说明适度运动可增强机体免疫能力[82]。宋亚军研究发现，过长时间的运动或力竭运动后即刻，小鼠 RBC-C3BR 花环率与安静时相比显著性降低，RBC-IC 花环率显著性升高。大运动量可造成循环免疫复合物增多，更多的 IC 占据 RBC-C3BR 的空位，引起继发性 RBC 免疫机能下降，且长时间（24 h）不能恢复到安静水平，处于免疫抑制状态[83]。胡琪琛通过对小鼠 8 周大强度运动训练的实验表明，长期的大强度训练可使机体 RBC-C3BR 活性明显降低，即 RBC 免疫机能明显降低，其 RBC-C3BR 活性变化的程度与白细胞（WBC）免疫机能密切相关。目前的研究结果显示，短时间中等强度的运动激活免疫系统并提高其机能；长时间耐力或长期的强化训练，则抑制免疫机能。可以认为，免疫机能的抑制与大强度运动刺激而导致的细胞凋亡密切相关。

（4）运动性疲劳与肝细胞凋亡

大量实验证明，运动训练引起的肝细胞内钙离子失衡，活性氧增多，线粒体功能失常和局部组织缺血、缺氧，是引发肝细胞凋亡的主要诱导因素。运动状态下，机体处于缺血、缺氧状态，线粒体呼吸链中的辅酶 Q 氧化还原和黄嘌呤氧化酶途径使自由基增多，同时脂质过氧化产物增加，引起肝细胞内钙超载，进而引起线粒体膜上通透性转换（Permeability transition，PT）孔开放，引发线粒体损伤。线粒体通透性发生转变，进而线粒体释放凋亡诱导因子及细胞色素 C，在凋亡蛋白激活因子 1（Apoptotic protease activating factor-1，Apaf-1）的作用下，启动 Caspase 级联反应或激活其他凋亡相关蛋白，使 DNA 断裂，产生凋亡小体，导致肝细胞凋亡。但此过程中许多问题有待实验进一步证实。

有研究发现，不同强度运动会影响肌浆网 Ca^{2+}-ATP 酶活性，影响肌浆网摄钙速度，使摄钙能力下降，细胞内钙离子浓度升高，诱导肝细胞凋亡。一旦细胞内钙离子浓度剧增，线粒体为了维持细胞内正常的钙离子浓度而加强摄钙作用，最初这种摄钙作用可以减弱细胞内钙离子急剧上升对细胞所造成的损伤，但是当线粒体钙离子过载时，会导致线粒体膜电位降低，ATP 合成减少，致使细胞死亡，故钙离子变化与线粒体损伤在肝细胞凋亡中起着极其重要的调节作用。法国学者 Sergent 等研究表明，在肝细胞凋亡过程中，NO 可对肝脏起保护作用。但国内外大多数研究则表明，当 NO 在肝脏中的浓度远远高于其生理浓度时，可通过抑制线粒体呼吸使肝细胞能量缺乏、自由基增多，造成肝细胞 DNA 断裂或突变，引起组织细胞脂质过氧化和肝细胞损伤；同时，NO 还可通过间接改变肝细胞正常代谢中的环磷酸腺苷（cAMP）含量，或提高肝细胞对 TNF‐α 的敏感性而进一步加重肝损伤。除此之外，运动中还有其他许多因素参与肝细胞凋亡的调节，如剧烈运动中出现的肾上腺皮质激素分泌增加也可能诱导肝细胞凋亡[84]。

总之，运动医学领域对于细胞凋亡的研究较晚，探讨细胞凋亡与运动性疲劳的关系，对认识运动性疲劳的产生机制及有效地消除疲劳具有重要的理论和实际意义。尽管目前在细胞凋亡对运动性疲劳的影响方面做了许多工作，但是，此领域的研究工作才刚刚开始，需要解决的问题还很多。运动性疲劳是受多因素制约的复杂现象，疲劳的产生具有相当的复杂性，要完全揭示疲劳的产生机制，还有待今后进行更加深入的研究。

1.5.5.10　运动性疲劳与线粒体功能

运动性疲劳与线粒体功能运动性改变的关系研究，目前主要从运动性疲劳与线粒体膜结构的关系，与线粒体功能的关系，与线粒体电子传递链电子漏、质子漏及电子载体功能变化的关系，与线粒体钙浓度的关系，与线粒体氧化磷酸化功能的关系等几个方面进行。这些研究围绕运动对线粒体结构和功能的影响，对线粒体在运动性疲劳发生过程中的作用进行了深入、全面的分析。

（1）运动性疲劳与线粒体膜结构

关于一次性力竭运动对线粒体结构影响的研究表明，运动后线粒体内膜脂质过氧化物增加，NADH‐CoQ 还原酶、细胞色素 C 还原酶活性下降，膜流动性下降，线粒体超微结构呈现缺氧损伤性改变[85,86]。伴随着线粒体结构和功能的改变，其对氧的利用率下降，可能会造成线粒体内未还原氧增加，反过来促进膜的脂质过氧化，形成恶性循环，使线粒体的 ATP 合成功能产生障碍，引发运动性疲劳。进一步对这种改变机制研究时发现，不同组织细胞线粒体自由基产生的运动性增加，造成膜结构和功能障碍，可能存在着不同的机制：心肌细胞可能是由于黄嘌呤氧化酶的参与，而肝脏和骨骼肌细胞则可能主要是线粒体电子漏的缘故[87]。这种由运动引起的线粒体自由基生成增多，可能与运动导致能量需求增大，增进呼吸链能源转换速率，进而抑制呼吸链电子流，导致电子经电子漏途径代谢有关[88]。此外，还可通过活性氧生成和质子漏的增加，导致线粒体膜的自由基损伤，影响其能量生成的能力[89]。用抗氧化剂和自由基清除剂可以对线粒体膜结构进行保护，从而使线粒体膜免受自由基损伤，维持其功能的正常[90]。以有氧运动进行锻炼，可使肝细胞线粒体活性氧和自由基代谢产物的生成减少，进而达到保护线粒体结构和功能的作用[91]。这些研究说明了力竭性运动造成的线粒体膜结构和功能的破坏，是引起能量生成降低、产生运动性疲劳的重要原因之一。

（2）运动性疲劳与自由基增加、线粒体功能

不同组织自由基运动性增加的机制主要包括黄嘌呤氧化酶机制、线粒体呼吸链机制和自由基防御系统受损机制[92,93]。自由基是引发骨骼肌运动性疲劳和损伤的重要原因，其运动性增加的主要原因是线粒体内源性产生的增加。可见，线粒体在运动性自由基产生增加中起着不可忽视的作用。它既是自由基的受害者，又产生出自由基危害了细胞的结构和功能，这种损害也是造成骨骼肌细胞凋亡的重要原因。大鼠进行游泳训练，训练 6 d 时，由于尚未完全适应，骨骼肌细胞中 SOD 活性和 MDA 含量均增加，说明此时自由基产生和清除的平衡没有被破坏，但脂质过氧化反应增加，磷脂含量、线粒体膜流动性下降，膜电位明显下降，骨骼肌细胞凋亡明显增加，但尚无死亡；训练 12 d 时，平衡被破坏，SOD 活性明显下降，而 MDA 含量明显增加，线粒体膜电位明显增高，可观察到有死亡细胞出现；训练 18 d 后，线粒体膜电位、SOD 活性和 MDA 含量均恢复到训练前水平，但细胞凋亡的数量由于在此期间要对前面积累的受损细胞进行清除仍居高不下[94]。研究者认为，运动引起的骨骼肌细胞凋亡，可能与其中线粒体膜电位的降低有关，而这种凋亡可能与其他因素共同参与了运动性疲劳的发生和发展，如自由基代谢平衡的破坏。

有研究发现，某些外源性物质可以减少自由基对线粒体的损害，保护其结构和功能，延缓运动性疲劳的发生。如韩春华等以大鼠一次性运动为模式，探讨灌喂胆红素对保护线粒体结构和功能的意义。结果发现：灌胃胆红素可以使运动后即刻及恢复 12 h 大鼠腓肠肌线粒体中 MDA 的含量明显低于不灌胃的运动大鼠。这说明胆红素可能有抑制线粒体的脂质过氧化，提高总 SOD、Mn‑SOD、Cu‑Zn‑SOD 活性等作用，因而可抵挡一次性运动对骨骼肌细胞线粒体结构和功能的损害[95]。

关于运动性自由基增加及其对线粒体的损伤机制，有研究者认为：生理状况下，线粒体呼吸链是 ROS 的主要来源，其氧耗有不到 5% 用于产生 ROS。但由于样品处理技术的问题，目前尚无法及时捕捉到一次性运动后即刻骨骼肌细胞线粒体中 ROS 增加的直接证据。可以肯定的是，一次性运动会引起线粒体过氧化水平提高。线粒体氧耗而产生的 ROS 可使有氧氧化关键酶柠檬酸合

成酶、苹果酸脱氢酶活性下降，ATP 合成能力减弱等[96]。

（3）运动性疲劳与线粒体电子传递链电子漏、质子漏及电子载体功能变化的关系

质子漏和电子漏是线粒体在正常功能状态下的现象。质子漏是指电子传递过程中，跨膜泵出的质子不经 ATP 合成途径而回流入基质的现象。电子漏是指在线粒体呼吸链电子传递过程中，有少量电子未经完全传递，即直接对氧进行还原的现象。电子漏会引起超氧自由基的产生；质子漏则有重要的生理功能，主要包括产热、增加代谢调节潜能、清除自由基和调节碳流等[97]。在某些细胞中，如褐色脂肪细胞，有专门的解偶联蛋白，以引起线粒体的质子漏用于产热。有研究发现，线粒体态 4 呼吸中通过氧与 Q 循环的中途发生单电子还原（电子漏），导致超氧阴离子 O_2^- 的产生；该离子可作为 H^+ 的载体，生成质子化超氧（HO_2^-），并跨膜产生质子漏，这就是所谓的"电子漏引起质子漏"理论[98]。在线粒体途径的运动性疲劳发生过程中，是否也存在这种电子漏引发质子漏，进而导致线粒体 ATP 合成解偶联的机制？研究表明这种推断是可能的。在运动性疲劳状态下，骨骼肌细胞线粒体的电子漏和脂质过氧化水平均明显增加，同时，以苹果酸＋谷氨酸为底物及以琥珀酸为底物的态 4 呼吸都显著增加。这表明线粒体中用于供能的氧耗减少，而用于产热的氧耗增加，氧的利用率下降。结合运动性疲劳状态下态 3 呼吸不增加的结果，研究者认为由于 O_2^- 生成增加导致的质子漏增加是运动性疲劳状态下线粒体氧化磷酸化偶联下降的重要原因，同时也是引发长时间大强度运动性疲劳并使之加剧的重要原因。

（4）运动性疲劳与线粒体钙浓度的关系

线粒体在细胞内钙平衡方面担负着重要的作用。研究表明，在大多数生理条件下，线粒体都能参与细胞质钙通信过程。它可感受其周围钙微区的存在从而摄取钙，又可以通过钠、钙交换和大分子孔道将钙释放出来，因此可以调节细胞质钙信号的时空特性，影响相关的细胞功能，在胞内钙自稳平衡过程中起着重要的作用[99]。有关运动对线粒体这种钙调作用影响的研究很多，认为大强度的运动可由于导致线粒体钙调功能的失常，引起胞内钙自稳平衡过程的破坏，造成运动性疲劳的发生。有研究发现，用同位素示踪法可观察到一次性运动后线粒体摄钙速率、最大摄钙量明显增加，并随运动结束时间的延长而慢慢下降，在运动结束后 15 min 时速率不再增加，达到饱和；摄钙量与时间关系曲线右移。研究者认为，一次性运动不仅使线粒体摄钙速率和量发生变化，还可引起其摄钙曲线特征的改变[100]。究其机制，研究者认为可能是运动刺激引

起线粒体膜上钙泵功能加强的结果。有人对心肌细胞的观察也证明，训练大鼠离体心肌细胞在 ADP 的刺激下，可增加对钙的摄入[101]。因此，有理由认为，运动可通过刺激线粒体膜上的钙转运机制，引起线粒体摄钙的增加，使线粒体内出现钙聚集，抑制氧化磷酸化能力，导致运动能力下降，出现运动性疲劳。

（5）运动性疲劳与线粒体氧化磷酸化功能的关系

耐力性运动的主要供能系统是有氧代谢，线粒体作为细胞有氧代谢合成 ATP 的必要场所，其合成 ATP 的效率将是影响运动能力，导致长时间大强度运动性疲劳发生的一个关键因素。有研究表明，运动性疲劳状态下，线粒体合成 ATP 的效率下降，一般可下降达 10％左右[102]。究竟是线粒体功能改变导致了运动性疲劳的出现，还是运动性疲劳导致了线粒体功能的改变？进一步探讨时发现，内环境酸化和运动中体温升高是限制运动能力的重要因素，而线粒体在完成其产能功能的同时，可能引起细胞内环境酸化，并导致其温度的升高。因为在运动过程中，线粒体的态 4 呼吸可引起 H^+ "泄漏"出线粒体，聚集在胞液中。同时，由于电子漏、质子漏现象的加剧，ATP 合成出现解偶联现象，导致用于合成 ATP 的能量下降，用于产热的能量增加[103]。因此，可以认为线粒体 ATP 合成效率的改变，是导致运动性疲劳出现的重要原因。在这种 ATP 合成效率运动性改变的过程中，哪个或哪些功能组分起着关键的作用？基于补充外源性 CoQ（呼吸链中电子和质子载体）可以增加无论是由于 CoQ 减少，还是由于其他氧化还原酶活性下降造成的呼吸链工作效率降低的研究结果，在线粒体与 ATP 合成功能有关的组成结构中，有人提出了"呼吸链传递可能是氧化磷酸化偶联的重要限速步骤"的观点[104]。尽管该观点仍对一些问题无法解释，如在 CoQ 正常生理含量下补充外源性该物质的安全性如何，以及提高其他酶活性对氧化磷酸化加速的作用等，但它毕竟为解决长时间大强度运动这种非正常生理状况下如何提高 ATP 合成能力，延缓运动性疲劳的出现提供了一个非常有意义的方法。

综上所述，运动性疲劳的产生是体内多因素变化的综合反映，且氧化应激、NF‐κB 介导的炎症反应、机体代谢和线粒体功能在其中发挥着至关重要和不可替代的作用。

鉴于疲劳机制的复杂性，采用新方法与新技术，全面、客观揭示运动性疲劳的过程及规律，开展抗疲劳相关研究，将具有广阔前景。代谢组学的应用对运动性疲劳机制和抗疲劳研究注入了生机和活力。代谢组学所获得的信息，相对于基因组和蛋白组，更接近于生理的最终状态和生物表型[105]。通过代谢组学高通量、整体性的信息分析，能够系统了解外源因素对机体所产生的影响，为全面揭示运动性疲劳机制和抗疲劳作用提供新的研究思路和方向[106,107]。

1.5.6 运动性疲劳恢复措施

当运动性疲劳产生后，及时有效的恢复措施不仅可以缓解疲劳时期的症状，更可以提升运动能力。目前，运动性疲劳的恢复措施主要有休息方法、物理治疗、心理调节及营养补充等。

1.5.6.1 休息方法

（1）被动性休息

被动性休息主要有静息和睡眠。在被动性休息期间，人体的体温、心率、血压下降，代谢速率降低，使体力得以恢复。睡眠是消除运动性疲劳的最好方法之一。高强度运动和比赛期间，睡眠时间可适当增加。在训练期间，成年运动员每天睡眠时间应保证 8～9 h，而青少年运动员的睡眠时间则要延长到 10 h/d。此外，在睡眠期间，机体内部合成人体所需的能量物质，以供活动时用，所以被动性休息有消除疲劳、恢复体力的作用。

（2）主动性休息

主动性休息又称活动性休息，活动性休息是指运动后做一些运动量小、强度小、时间短、简单的放松运动（如慢走等），它是消除疲劳、促进体力恢复的一种良好方法。有研究证明，与安静性休息相比，活动性休息能使运动中积累的乳酸消除速度加快一倍[108]。

1.5.6.2 娱乐性休息

看书、下棋、上网等娱乐性的活动都能有效地缓解运动性疲劳，另外有针对性地将音乐应用于训练的不同阶段，可以达到不同的效果，如赛后听一些舒缓的音乐可以促进运动疲劳的恢复。

1.5.6.3 心理调节

心理因素对于运动成绩和运动员运动能力的发展有着不容忽视的作用。随着近年来运动心理学的发展，可以更加科学准确地进行心理调节。心理暗示、自我鼓励、呼吸调节等方式都可以促进运动性疲劳的恢复[109]。

1.5.6.4 物理治疗

物理治疗法在运动性疲劳的恢复中占有主导地位，其具有高效性和专业性。

（1）针灸疗法

针灸可通过通经活络、舒筋活血、补气补血、平衡阴阳、调和机体的作用消除运动性疲劳。针灸疗法主要包括针刺和艾灸，这两种方法操作简单方便、效果显著，深受运动员及教练的喜爱。针刺具有舒筋活络、调和机体平衡阴阳的作用。在穴位选取上，频率较高的有足三里、三阴交、关元、气海、合谷等穴。高明等发现大负荷训练可引起男子摔跤运动员 NK 细胞数量降低，CD3[+]、CD4[+]、CD8[+] 等细胞数量的下降，针灸预处理可延缓或防止其下降，在一定程度上维持运动员免疫机能的稳态。徐飞等通过小鼠的游泳训练，发现针刺足三里可提高血红蛋白水平，降低尿素氮、肌酸激酶、血乳酸水平，从而有效改善疲劳小鼠内环境，其中温针灸组效果明显。艾灸具有温经通络、扶阳助气之功，可消除自由基，增加人体免疫力，从而减缓疲劳的产生。另外，王彬等在对运动员赛前强化训练中联合艾灸神阙、足三里、涌泉三个穴位，发现艾灸可以维持赛前强化训练中定向越野运动员的唾液 pH、减少血乳酸的产生、减少血清 CK 的生成、缓解血睾酮水平的下降，从而缓解运动性疲劳。

（2）推拿、拔罐疗法

中医推拿按摩还可以缓解运动训练后肌肉的紧张度，也可使得局部的血液循环加快，提高神经肌肉及器官的兴奋性，加速疲劳肌肉中乳酸的排出速度，从而起到消除疲劳的作用。目前，国际上常用的按摩方法主要包括气压按摩、振动按摩及水力按摩等，在放松肌肉、消除肌肉酸痛和恢复体力方面有良好的效果。同样，拔罐疗法通过罐内负压使皮下出血从而达到活血化瘀、疏通经络、缓解疲劳之功效。

（3）温水淋浴

温水浴的水温不能过高，一般以 37～40 ℃为宜，淋浴时间 10～15 min，最长不超过 20 min，每天不超过 2 次。温水刺激可安抚神经，具有良好的镇静作用，同时又能加快血液循环，放松肌肉，从而消除疲劳[110]。

（4）热敷法

适用于消除局部肌肉疲劳，通常以 47～48 ℃为宜。训练前热敷负荷量较大的部位 10 min，可推迟运动中疲劳出现的时间，而训练后局部热敷可有效地治疗肌肉酸痛、肌肉拉伤、关节韧带损伤及软组织挫伤等病症。

（5）电刺激

电刺激对消除机体疲劳效果极佳。有研究显示，脉冲电流经皮刺激运动疲劳大鼠肝区，可延长大强度耐力运动后大鼠游泳的力竭时间，减轻运动疲劳所致的肝脏损伤，增强抗氧化酶活性，具有抗疲劳作用[111]。

另有研究证实，中频脉冲电流经皮刺激运动性疲劳士兵肝区，可提高肝脏的抗 氧化酶活性，增强抗氧化能力，增加对自由基损伤的抵抗能力，促进自由基消除，阻断脂质过氧化反应，保护细胞结构和功能，具有延缓运动性疲劳发生、促进疲劳恢复的作用[112]。

（6）氧气及负氧离子吸入

运动时，大量乳酸等代谢产物存在于血液中，吸入氧气和负离子改善及提高肺的换气功能，加快代谢产物消除，从而消除疲劳。

（7）悬垂倒立法

有研究发现，悬垂倒立法可加快血液循环，促进乳酸等代谢产物消除，达到消除疲劳的目的[113]。

1.5.6.5　营养补充

营养物质的补充是影响运动能力的重要因素，也是保持和促进运动能力的物质基础。在竞技运动水平越来越高、竞争越来越激烈的今天，训练的强度时间长，运动员体内物质尤其是能源物质消耗很大，仅仅通过补充普通膳食，不足以使体能完全恢复，也很难承受更大的运动负荷。因此，通过合理营养及时补充所消耗的物质，对运动能力的恢复和提高显得尤为重要。学者威廉斯把营养补剂的概念定为"为了使运动员在运动训练中达到通过普通训练方法所不能达到的运动成绩，为了充分挖掘运动员的运动潜能，而采用的训练手段外的，用于增强运动员自身的产能量、能量控制水平，以及提高能量利用率的一种程序或者药剂。"[114]

（1）平衡膳食

平衡膳食有益于机体应对运动引起的自由基增加和氧化应激反应。最近的人体研究显示，与依从性不好的比较，合理膳食依从性好的女足运动员，休息时总抗氧化能力（Total antioxidant status，TAS）、谷胱甘肽过氧化物酶（Glutathione peroxidase，GPX）均在较高水平，肌酸激酶（Creatine kinase，CK）和乳酸脱氢酶（Lactate dehydrogenase，LDH）均在较低水平；比赛后即刻 TAS、GPX、SOD、LDH 和淋巴细胞百分比水平均较高，中性粒细胞百分比较低，其中 TAS 和 GPX 的这些差异一直维持到赛后 18 h。进一步分析膳食成分与上述指标的相关关系，结果显示碳水化合物、多不饱和脂肪酸、维生素 B_1、维生素 B_6、叶酸、维生素 C、维生素 E、膳食纤维、锰、铜及铬等与之有相关，表明合理的平衡膳食和营养直接影响剧烈运动引起的氧化应激反应、炎症反应和肌肉损伤[115]。

（2）糖的补充

糖是人体最重要的供能物质，肌糖原能以每小时 6 279 kJ 的高速率进行无氧代谢供能，维持 1 min 左右的高强度运动；也能以每小时 2 930～3 347 kJ 的速率进行有氧代谢供能，是持续达 2～3 h 中等强度运动时骨骼肌的优质燃料；

血糖的氧化速率相对较低，为每小时 209～1 046 kJ，但它是中枢神经系统的基本供能物质。在训练和比赛中，机体所需的大部分能量来自肌糖原和肝糖原。

糖的补充不仅有助于提高长时间、耐力性运动员的运动能力，也有益于短时间、大强度的间歇性运动项目。有报道，运动前和运动中补糖提高了短时间、大强度间歇性运动的运动能力，延缓了疲劳的出现。一些学者认为这可能与补糖增加外源性的能量供给和促进了运动间歇时的糖原合成有关。

研究发现，一次大运动量训练课中，糖供能占 60%～70%，然而，大多数运动员饮食糖的摄入量往往只达到总能量 40%～45%。所以，在进行 1 h 以上的持续性耐力运动，以及长时间（40 min 至 2 h）的高强度间歇性运动训练时，应设法使糖的储备达到最大。通过运动前、中有规律地补糖可以防止运动疲劳过早发生，延长运动时间、提高运动能力。

① 运动前补糖　为了提高肌糖原含量，可在大运动量训练或比赛前数日增加膳食中糖类食物的摄入，使其达到摄入总能量的 60%～70%（或每千克体重 10 g）；也可采用改良的糖原负荷法，即在赛前一周内逐渐减少运动量，直至赛前一天休息，同时逐渐增加膳食中糖的含量至总热量的 70%；或在赛前 1～4 h 补糖每千克体重 1～5 g。有学者指出应避免在赛前 30～90 min 补糖，以防止运动时因血中胰岛素升高而引起血糖浓度的降低。但有研究认为，运动开始后由于肾上腺素和去甲肾上腺素的释放增多，会抑制胰岛素的分泌。因此，血糖仍然升高。

② 运动中补糖　在长时间耐力运动中，可每隔 20 min 补充含糖饮料或容易吸收的含糖食物，补充的糖量一般为 20～60 g/h，最多不超过 1 g/min，通常采用少量多次饮用含糖饮料的方法。

③ 运动后补糖　运动后 6 h 以内，肌肉中糖原合成酶含量高，可有效地促进糖原的合成。因此，运动后及时补糖可促进肌糖原的合成，且补糖时间越早，效果越好。理想的是在运动后即刻、运动后 2 h 内以及每隔 1～2 h 连续补糖。运动后 24 h 内补糖总量应达到每千克体重 9～16 g。

④ 糖类物质类型的选择

A. 单糖　葡萄糖吸收最快，最有利于合成肌糖原；果糖的吸收快，且主要为肝脏利用，其合成肝糖原的量约为葡萄糖的 3.7 倍。由于果糖引起胰岛素分泌的作用较小，不抑制脂肪酸的动员，但大量使用时，可引起胃肠道紊乱。因此，果糖的使用浓度不宜超过 35 g/L。果糖和葡萄糖联合使用，有利于糖的吸收和能量的补充。

B. 低聚糖　低聚糖甜度小、渗透压低（为葡萄糖的 1/4），吸收也快。因此，在运动中可通过补充低聚糖使运动员获得较多的糖。

C. 淀粉类食物　淀粉类食物含 70%～80% 的糖，但释放慢，不会引起血糖或胰岛素分泌的突然增加。同时，淀粉类食物除了复合糖外，还含有维生素、无机盐和纤维素。因此，可作为训练或赛后恢复后期糖的补充。

（3）液体的补充

运动时，特别在炎热环境中运动时，体内产热增加，机体为了防止体温过度升高，通过出汗方式进行散热，并通过相应机制使尿量减少。但大量出汗将导致体液中水和电解质的丢失，使体内正常的水平衡和电解质平衡遭到破坏，引起不同程度的脱水。

对运动员而言，脱水不仅有碍运动能力，而且不利于身体健康。所以，防止运动员脱水是极为重要的。

① 补液的类型　补液的类型最好是含糖和电解质的运动饮料。一些研究资料显示，含有一定量甘油的运动饮料对维持血容量和散热具有较好的作用。含有电解质和糖的运动饮料比矿泉水或自来水的复水效果好得多。运动中补充含电解质和糖的运动饮料，可以节约肌糖原的消耗。在运动前和运动中通过运动饮料补充糖，还可有效地阻止免疫机能的下降，降低感染的发生。因此，一个理想的运动饮料必须具备三个条件：促进饮用；迅速恢复和维持体液平衡；提供能量，增进运动能力。因此，理想的运动饮料应含有适当的糖浓度，最佳的糖组合，并具有合理的渗透压浓度以促进胃排空和小肠吸收，满足快速补充体液和能量的需要。

运动饮料中电解质和糖的浓度越大，则渗透压越大，使饮料在胃的排空减慢。由于汗液中电解质含量或渗透压低于血浆，因此当汗液大量丢失时，血浆中的水分丢失相对电解质来说较多，所以补充的饮料应该是低渗或等渗的，以 250～370 mOsm/L 为好。

运动饮料的糖含量应在 4%～8%，可使用葡萄糖、蔗糖、低聚糖、短链淀粉（如麦芽糖糊精）等。低聚糖一般由 3～8 个单糖组成，吸收速度比单糖和双糖慢，可延长耐力运动中糖的供应时间。

由于运动饮料中含少量钠盐有利于糖和水分的吸收。运动饮料中的钠盐含量一般低于汗液中的钠盐含量，钠含量为 20～60 mmol/L。

研究发现，运动员摄入口味较佳的运动饮料的量明显高于无味道的纯水，对促进儿童少年运动员摄入足够量的液体更为重要。微酸的运动饮料可增加口感，促进饮用。一般不主张在运动前和运动中饮用碳酸饮料，因为饮用碳酸饮料后在胃部可产生胀气的感觉。

高温环境下运动饮料的温度应低于环境温度。5～13 ℃的饮料除了有降低体温的功能外，口感上也有利于摄入。但是过凉的饮料可刺激胃部，引起不适。

② 补液的方法　补液应该遵循预防性补充和少量多次的原则。预防性补充可以避免脱水的发生，防止运动能力的下降。少量多次可以避免一次性大量补液对胃肠道和心血管系统造成更重的负担。为保持最大的运动能力和最迅速地体力恢复，补液的总量略大于失水的总量，特别是钠的补充量一定要大于丢失的量。运动员运动中体液的丢失量可从运动前后体重之差了解。

A. 运动前补液　运动前补充的饮料中可含有一定量的电解质和糖，补充的量应根据具体情况而定，如在运动前 2 h 可以少量多次地摄入饮用 400～600 mL 的含电解质和糖的运动饮料，每次 100～200 mL。不要在短时间内大量饮水，否则会造成恶心和排尿，对运动训练或比赛不利。

B. 运动中补液　在机体进行长时间大运动量运动时，由于运动中出汗量大，运动前的补液不足以维持体液的平衡。为预防脱水的发生，有必要在运动中补液，维持机体水和电解质的平衡。运动中补液应采取少量多次的方法，可以每隔 15～20 min 摄入含糖和电解质的运动饮料 150～300 mL。补液的量根据出汗量的多少而定，但补液的总量不超过 800 mL/h。

C. 运动后补液　运动后通过补液纠正机体的脱水状态，又称复水或水的复合。

剧烈运动后，及时纠正脱水和补充能量可加速度机能恢复。由于运动员在运动中补充的液体往往小于丢失的体液量，因此运动后要及时补液，使进出机体的液体达到平衡。补液量的多少可根据体重的丢失情况确定。

运动后补液也要遵循少量多次的原则，切忌暴饮。补充的液体应为含有糖的运动饮料。但补液中钠含量的高低也会影响补液的需要量。当钠浓度高时，尿量会减少，因为钠离子在体内能留住水分，从而帮助体液的恢复，减少补液量。但是，钠浓度太高影响口感，减少液体的摄入。因此，运动后的体液恢复以摄取含糖和电解质饮料效果最佳，饮料的糖含量可为 5%～10%，钠盐含量 30～40 mmol/L，以获得快速复水。不宜采用盐片补钠，因为盐片会刺激胃肠道，加重脱水，还可引起腹泻。

不可只饮用白水。饮用白水虽然一时解渴，但可造成血浆渗透压的降低，增加排尿量，延缓机体的复水过程。同时，暴饮白水还能稀释胃液，影响食欲和消化功能。

（4）蛋白质和氨基酸的补充

蛋白质是生命的物质基础，人体的生长、发育、生殖、遗传等一切生命活动过程都离不开蛋白质。运动时，蛋白质的功能主要体现在：帮助损伤的组织快速修复和再生；调节许多代谢过程如体液平衡、酸碱平衡、营养素输送等；促进抗体、补体和白细胞的形成，提高免疫机能；促进肌肉蛋白质合成，增强力量；当糖原储存大量消耗时，氨基酸分解代谢可以直接参与供能，氨基酸还可以进行糖异生，维持运动中血糖水平，有助于提高运动持久力。

可见，蛋白质、氨基酸缺乏都将削弱运动机能，所以补充优质蛋白质和某些特殊氨基酸，对提高人体运动代谢能力具有重要的作用。

① 蛋白质需要量及补充　运动时会引起蛋白质利用增多和组织损伤，因此，运动员必须增加蛋白质的摄入量，以恢复运动中消耗的组织蛋白，修复损伤的组织，或者最大限度地刺激蛋白质合成、发展肌肉力量和体积。

在大负荷训练前期，运动员蛋白质需要量超过中后期。运动员在进入冬训初期更要注意增加膳食蛋白质。一般大负荷训练期要求每日蛋白质摄入量达每千克体重 2.0 g，训练适应后可适当减少。

耐力运动员当食糖和/或能量摄入充足时，每日蛋白质需要量是每千克体重 1.0～1.8 g。训练水平越高，需要量增加越多。例如，优秀自行车运动员日摄入量超过每千克体重 1.5 g。当运动员连续数天接受大负荷耐力训练时，每日补充蛋白质每千克体重 1.0 g，身体仍然出现负氮平衡，这表明体内蛋白质分解多于补充；而以每千克体重 1.5 g 摄入蛋白质时，身体处于正氮平衡。

力量性项目运动员蛋白质供给量要比普通人多。力量运动员在轻量级训练时每日需要蛋白质每千克体重 1.0～1.6 g，在高负荷训练时需要每千克体重 2.0～3.0 g。

控体重项目的运动员需选择优质蛋白的食物以满足需要，蛋白质食物提供的热量可占总摄入能量的 18％。儿童少年参加运动训练时应增加蛋白质营养，以满足生长发育的需要，蛋白质的需要量为每千克体重 2～3 g。

② 氨基酸补充　大多数氨基酸类物质具有促进合成代谢的作用。通过补充氨基酸，使机体自身分泌的生长激素、胰岛素、睾酮和相关激素的水平提高，达到促进合成代谢、增长肌力的目的。

A. 谷氨酰胺　谷氨酰胺是人体肌肉含量最丰富的一种氨基酸，是氨基酸、蛋白质、核苷酸和其他重要的生物大分子合成的必需物质。谷氨酰胺是运动员增长肌肉和力量的必需营养素；是一种很有效的抗分解代谢剂，当肌内谷氨酰胺浓度较高时，其他氨基酸不能再进入谷氨酰胺产生的环节中，从而利于蛋白合成；另外，谷氨酰胺还具有维持体内氨基酸平衡的作用，使机体合成更多的蛋白质。同时，谷氨酰胺还是强有力的胰岛素分泌刺激剂。此外，谷氨酰胺是免疫细胞复制的原料，具有增强免疫力的作用，对大强度训练引起运动员免疫系统功能下降有积极的恢复作用。

运动后一般不直接补充谷氨酰胺，因为服用后会增加机体的氨负担。α-酮戊二酸是谷氨酰胺的前体物质，机体能利用鸟氨酸与α-酮戊二酸合成谷氨酰胺。这两种物质结合在一起使用，在胰岛素、生长激素的分泌调节中发挥的作用更大。

B. 支链氨基酸　支链氨基酸一方面可以直接用做细胞燃料，参与长时间持续运动的能量供应，降低耐力性运动时肌肉蛋白质的降解速率；另一方面，可以降低游离色氨酸进入大脑的速度，减少5-羟色胺的生成，维持大脑的正常兴奋性，延缓中枢疲劳的出现。

亮氨酸、异亮氨酸和缬氨酸这三种支链氨基酸中实用性最强的是亮氨酸，可作为谷氨酰胺的基质物，也可直接用做细胞燃料。但是一般在运动后不用亮氨酸，因为它与谷氨酰胺一样，会增加体内氨负荷。

C. 牛磺酸　牛磺酸作为体内的一种条件必需氨基酸，有助于清除体内过多的自由基，是一种强有力的细胞保护剂，缓解脂质过氧化。运动员补充牛磺酸后，MDA水平明显下降，并且能明显促进运动后心率的恢复，说明牛磺酸作为哺乳动物心肌组织中含量最高的氨基酸，在抗心肌自由基损伤过程中意义重大。动物实验结果显示，大鼠补充牛磺酸后，急性和力竭游泳后，红细胞、血浆和心肌线粒体内的MDA含量均显著降低。急性游泳后，补充牛磺酸大鼠的红细胞含量和心肌线粒体内的谷胱甘肽过氧化物酶活性明显高于未补充大鼠，心肌线粒体膜荧光偏振度明显低于未补充牛磺酸大鼠，肌浆网 Ca^{2+}-ATP酶活性和摄钙率也明显高于未补充大鼠。连续补充牛磺酸15 d，可使肌肉氧自由基、肌酸激酶、脂质过氧化物降低[116]。这些结果显示，牛磺酸可以降低运动诱导产生的过多的自由基，减少自由基的损伤，稳定生物膜，调节钙转运，有益于对抗运动性疲劳。

D. 半胱氨酸和谷胱甘肽　半胱氨酸在体内由必需氨基酸蛋氨酸转变而来，含有一个巯基，利用其还原性，发挥抗自由基的作用，可保护许多依赖巯基保持活性的重要酶类。半胱氨酸还通过构成谷胱甘肽，参与抗自由基过程。近期研究显示，在运动前和运动中，给递增力竭运动受试者注射N-乙酰半胱氨酸（N-acetylcysteine，NAC），通过依赖MnSOD抑制ROS反应，降低骨骼肌疲劳，缓解机体对运动的适应性[117]。

谷胱甘肽补充剂在运动员中应用广泛，首先是因为它能降低运动后的氧化应激，其次因为它能通过信号转导途径的核转录因子 NF－κB 和 AP－1（Activator protein－1）来影响细胞内的硫醇还原状态，提高细胞内谷胱甘肽的水平，强化细胞功能。

血浆 GSH、GSSG 和脂质过氧化物（Lipidperoxidation，LPO）主要来源于骨骼肌和肝脏。急性运动后血浆 GSH 减少、GSSG 增多，表明骨骼肌和肝脏消耗 GSH 增多。运动训练可使血浆 GSH 升高、GSSG 下降、LPO 下降。GSH 可有效地保护组织抗脂质过氧化。补充 GSH 可降低运动后血液中 GSSG 水平。有研究显示，补充外源性还原型谷胱甘肽可以提高运动员的耐久力[118]。

（5）维生素的补充

维生素不仅可以保证身体健康和儿童少年的生长发育，而且有些维生素直接影响到人体的运动能力。

运动员的维生素需要决定于运动负荷、机能状态和营养水平。在运动时，维生素的需要量增加，其原因主要包括：第一，运动时，机体能量消耗大大增加，加速了物质代谢过程，使维生素利用和消耗增多；第二，系统训练引起线粒体的数量和体积增大，酶和功能蛋白质数量增多，参与这些物质更新的维生素的需要量增加；第三，激烈运动可加速水溶性维生素从汗、尿排泄，尤其是维生素 C 的排泄。

维生素大部分在体内不能合成，一般情况下贮存量很少，膳食中供应不足常引起维生素的缺乏，从而影响运动员运动能力的发挥。剧烈运动可使维生素的缺乏症提前发生或症状加重，且运动员对于维生素缺乏的耐受性比一般人差。运动员维生素缺乏的早期表现常是运动能力低下、疲劳和免疫力的下降，维生素缺乏得到矫正后机能可明显改善，运动能力可明显提高；但当体内维生素营养良好时，额外补充的效果不明显，且过多补充某一种维生素制剂时，往往可造成维生素间的不平衡。

① 维生素 A　维生素 A 是形成视网膜中视紫质的原料，具有保护角膜上皮防止角质化的作用。当体内缺乏维生素 A 时，会出现肾上腺皮质萎缩和性功能紊乱。因此，对于要求视力集中的运动项目，如击剑、射击、滑翔、乒乓球等，运动员的维生素 A 不足必然会影响运动能力。

② 维生素 B_1　维生素 B_1 是糖代谢中丙酮酸等氧化脱羧所必需的辅酶的组成成分，并与神经递质乙酰胆碱的合成与分解有关，因此与神经肌肉的正常传导功能有关。当体内维生素 B_1 缺乏时，运动后的丙酮酸及乳酸堆积，使机体

容易疲劳，并可引起乳酸脱氢酶活力减低，影响心脏和骨骼肌的功能。当维生素 B_1 充足时，可促进肌肉中磷酸肌酸和糖原的合成，加速运动后血乳酸和丙酮酸的消除，提高耐力运动能力。

③ 维生素 B_2　维生素 B_2 是构成体内多种呼吸酶辅酶的成分，与体内的氧化还原反应和细胞呼吸有关。运动员缺乏维生素 B_2 时，肌肉无力，耐久力受影响，容易疲劳。

④ 维生素 PP　维生素 PP 又叫尼克酰胺，它是构成脱氢酶辅酶的成分。在机体代谢中起重要作用的辅酶 Ⅰ（NAD^+）和辅酶 Ⅱ（$NADP^+$）的组成成分中，就含有尼克酰胺。在生物氧化过程中起着递氢体的作用，在机体内的有氧和无氧代谢、脂肪和蛋白质代谢中起重要作用，与运动员的有氧和无氧耐力有关。

⑤ 维生素 B_6　维生素 B_6 又叫磷酸吡哆醛，它是氨基酸脱羧酶的辅酶，参与蛋白质的分解与合成。它与运动能力，特别是力量素质有关。

⑥ 维生素 B_{12}　维生素 B_{12} 是一组含钴的钴胺素生理活性物质，在体内以两种辅酶形式存在，即甲基 B_{12} 和辅酶 B_{12}，参与同型半胱氨酸甲基化转变为蛋氨酸和甲基丙氨酸-琥珀酸异构化过程。维生素 B_{12} 在运动员和正常人中缺乏较少见，但完全素食者易发生缺乏症。维生素 B_{12} 参与细胞的核酸代谢，与机体的造血功能有关。当维生素 B_{12} 缺乏时，血红蛋白浓度下降，细胞的平均容量增加，可诱发贫血，使氧的运输能力下降，影响最大有氧能力和亚极量运动能力，同时也可引起神经系统损害。

⑦ 维生素 C　维生素 C 具有很强的还原性，有可逆的氧化还原作用，参与氨基酸和蛋白质的代谢。运动使机体的维生素 C 代谢加强，短时间运动后血液维生素 C 的含量升高，但长时间运动后下降。不同的运动负荷后，不论血中维生素量是升高还是下降，组织维生素 C 均表现为减少。运动机体维生素 C 不足时，白细胞的吞噬功能下降。运动员在过度训练时，血液维生素 C 的水平和白细胞吞噬功能都下降。维生素 C 还有提高耐力、消除疲劳和促进创伤愈合的作用。

给受试者单纯补充维生素 C，结果显示，未补充者运动后体内自由基信号及脂质过氧化物和丙二醛明显升高，而补充者则升高不明显，表明维生素 C 具有清除运动引起的自由基、抗脂质过氧化、减轻肌肉损伤的作用。联合给予女运动员维生素 C（250 mg）和维生素 E（400 IU），可以预防运动引起的肌肉损伤[119]。Claudio 等选用 10 名健康的足球运动员，随机分为 2 组，赛前 3 个月，干预组每天补充 1 000 mg 抗坏血酸和 800 mg 维生素 E，对照组补充同样剂量的麦芽糖糊精。结果发现，在赛前的最后阶段，干预组的脂质过氧化指标、肌酸激酶、碳基化合物和肌肉损伤级别均明显降低，表明高强度训练期间补充维生素 C 和维生素 E 能降低脂质过氧化和肌肉损伤程度[120]。

⑧ 维生素 E　维生素 E 具有抗氧化、促进蛋白质的合成和防止肌肉萎缩等生物学作用，可提高肌肉力量。

补充维生素 E 可以明显降低运动后自由基的浓度，减轻自由基的损伤程度，提高抗氧化酶活力[121]。维生素 E 缺乏时，运动能力下降。有研究显示，大运动量训练的大鼠，血清 MDA 含量和 SOD 活力升高，而补充维生素 E 可使血清 MDA 明显含量下降，表明维生素 E 可以清除运动产生的自由基，减轻脂质过氧化。随机双盲对照研究显示，给予女运动员维生素 E（400 IU）4 周，可以显著降低氧化应激指标水平，减少有氧运动引起的肌肉损伤。

（6）补充无机盐与运动能力

无机盐包括宏量元素和微量元素，人体体液中的无机盐一般以电解质状态存在。体内一定浓度的电解质是完成各种生理功能的重要因素之一。

正常情况下，人体内的电解质处于相对恒定状态。在短时间激烈运动时，体内电解质不会大量丢失，但是在炎热环境下长时间运动时，代谢产热和炎热环境的双重作用可使人体的内热蓄积、体温增高，排汗成为散热的主要途径。大量排汗引起多种电解质丢失，为保持这些物质的代谢平衡必须采取合理措施加以补充，否则会导致机体内稳态失调，从而引起一系列生理生化功能障碍，影响运动能力。

① 钾（K^+）　成人体内总钾量为 117 g 左右，大部分存在于细胞内液，只有约 2% 存在于细胞外液。当血钾浓度降低时，脑垂体生长素输出下降，造成肌肉生长减慢。口服钾补剂可迅速恢复生长素水平和胰岛素样生长因子水平。

② 铁（Fe^{2+}、Fe^{3+}）　成人身体总铁量为 3.5～4.0 g，其中 70% 存在于血红蛋白及肌红蛋白、细胞色素中，其余存在于肝、脾和网状内皮细胞中。由于运动员铁的需要量高、丢失增加，再加上摄入不足，普遍存在铁营养不良状况，尤其是耐力性运动员、女运动员、青少年运动员缺铁状况更为严重，易出现缺铁性贫血。因此，运动员膳食中应加强铁的摄入。

铁为过氧化氢酶（Catalase，CAT）的辅基，CAT 催化过氧化氢转变为水和氧气。缺铁会导致血浆 MDA 增高，运动可加重这种反应。随机对照研究发现，补充元素铁（50 mg/d）12 周，可以降低活性氧反应，显著改善缺铁女运动员氧化应激反应，增强机体抗氧化防御能力[122]。

③ 锌（Zn^{2+}）和铜（Cu^{2+}） 红细胞的含锌量约为血浆的 10 倍，主要以碳酸酐酶和其他含锌金属酶类的形式存在。锌的主要功能在于它是多种酶的组成成分和激活剂，调节体内各种代谢，且锌可以影响睾酮的产生和运输。因此，它与运动能力之间具有非常密切的关系。铜是很多金属酶如超氧化物歧化酶等的辅助因子，参与多种代谢反应。如铜缺乏时影响铁的动员和运输，出现小细胞性低血色素贫血。由于锌、铜在自由基产生和消除中的重要作用，对经常参加体育运动者适当增加锌、铜的摄入将大有裨益。

运动训练使缺锌动物体内脂质过氧化产物明显增加。缺锌动物补锌后，运动训练可使体内抗氧化酶活性提高。运动员红细胞 SOD 含量与红细胞锌、血浆铜和红细胞铜水平成显著正相关。

④ 硒 硒是谷胱甘肽过氧化物酶的辅助因子，由于具有消除过氧化物、增强维生素 E 的抗氧化能力等作用，它与运动也有着非常密切的关系。运动员硒的剂量是推荐摄入量的 4 倍，每天约 200 μg。在训练前服用的复合配方为：维生素 E（800 IU）、维生素 C（50 mg）、β-胡萝卜素（25 000 IU）、硒（100 μg）。

有关硒营养状况对自由基和运动能力影响的研究报告较多。人体研究显示，硒营养状况良好的运动员，体内脂质过氧化程度低。运动员红细胞、血小板、血浆中的硒含量与相应的 Se - GPX 成正比关系。补充硒可降低运动员运动后 MDA 的水平，提高剧烈运动后血浆谷胱甘肽过氧化物酶的活力。众所周知，肥胖和剧烈运动均能引起氧化应激，Savory 等采用随机双盲对照研究，给予超重男性亚硒酸钠（200 pg/d）3 周，同时每天运动 30 min，70% 最大摄氧量。结果显示，干预组脂质氢过氧化物水平显著降低，表明肥胖人群补充硒可降低运动引起的氧化应激水平[123]。

（7）碱性物质的补充

运动前摄取碱性物质或含有碱盐的饮料，人为造成体液碱化和提高体内碱储备，能够提高以糖酵解为主要供能系统的速度耐力。研究发现，中长跑运动员在进行 800 m 跑前摄入含碳酸氢钠（每千克体重 300 g）饮料后，血液 pH 和 HCO_3^- 升高；跑后血乳酸和 pH 也升高，成绩提高 2.9 s。

但是食用碱性物质提高运动成绩是有条件的。从运动强度上来看，以大于 90% 最大强度时有效。从跑的距离来看，对于 800～1 000 m 的径赛有效。其机制可能是食用碱盐增强细胞外液缓冲酸的能力，促进 H^+ 从运动肌透出，延缓细胞内 pH 下降的时间，抵消 pH 下降对运动肌正常机能的影响，从而提高糖无氧酵解供能的能力。一般常用的碱性盐有 $NaHCO_3$、$KHCO_3$、柠檬酸钾或钠、天冬氨酸的钾盐或镁盐等。有报道，口服柠檬酸盐口感好，没有 $NaHCO_3$ 可能引起的副作用。另外，蔬菜、水果中含钾、钠盐类较多，是良好的碱性食物。

（8）中药补剂

研究发现，不少单味中药对提高机体的运动能力有非常重要的作用。如西洋参、红景天、五味子、黄精等单独使用可调节机体内分泌，预防运动性低血睾酮的产生；黄芪、三七、党参等单味中药能增加机体免疫和抗自由基的能力，并能使 SOD、过氧化氢酶（CAT）、谷胱甘肽过氧化物酶（CSH-PX）的活性增加。鹿茸、蛤蚧、冬虫夏草、田七、花粉、银耳、何首乌、黄芪、绞股、北冬虫夏草等具有较好的抗疲劳作用，其作用机理也各不相同。

① 单体　中药单体如人参皂苷、红景天苷、淫羊藿皂苷、枸杞多糖、丹参素、丹参酮 A、阿魏酸、黄芪多糖、人参二醇、人参三醇等均能在一定程度上减轻运动疲劳症状，具有抗疲劳、提高运动能力的作用。

② 复方　中药复方是指由两味或两味以上药组成，有相对规定性的加工方法和使用方法，针对相对确定的病症而设的方剂，是中医方剂的主体组成部分。研究发现，不少中药复方对提高机体的运动能力也有着非常重要的作用。

（9）动、植物提取物

① 番茄红素　番茄红素是近年来新发现的一种强有力的抗氧化剂。番茄红素是类胡萝卜素的一种，主要来源于番茄及番茄制品、西瓜、胡萝卜、草莓等果实，其中番茄中含量最高。人群试验结果显示，补充番茄红素可以使力竭运动后红细胞中的 MDA 水平显著降低，红细胞中的 SOD 和血清中的 GSH、SOD 活性显著升高，表明补充番茄红素对力竭运动造成的自由基增高有明显的抑制作用，可提高运动后机体内及红细胞的抗氧化酶活性[124]。动物实验发现，补充番茄红素可升高 GSH-Px 活力，有效地阻断脂质过氧化发生。研究还发现，番茄红素对于患有冠状动脉疾病患者中等强度和高强度运动后发生的氧化应激反应有显著的改善作用，表现为补充番茄红素可缓解高强度运动后氮氧化物和 TBARs 的升高，增加 CAT 活性；对于中等强度运动，补充番茄红素可以显著降低氮氧化物水平，增强 SOD 活性。

② 虾青素　虾青素是从虾蟹外壳、牡蛎、鲑鱼及藻类、真菌中发现的一种红色类胡萝卜素。随机双盲对照研究发现，足球训练和运动引起过量自由基产生和氧化应激，削弱体内抗氧化体系。补充虾青素可以预防足球运动诱导的

自由基产生，增强机体非酶抗氧化体系的防御功能[125]。

③ 白藜芦醇　白藜芦醇是一种二苯乙烯类化合物，主要存在于葡萄、桑葚、花生中。动物实验结果显示，白藜芦醇可以降低大强度运动引起的血清、脑组织、心肌组织中脂质过氧化物和氮氧化物水平，增强抗氧化酶活性，对大强度运动导致的心、脑组织氧化损伤具有一定保护作用，同时，对运动性疲劳具有一定的颉颃作用，改善运动表现[126,127]。

④ 槲皮素　槲皮素又名栎精，是一种黄酮类化合物。主要存在于浆果、柑橘、叶菜和根茎类蔬菜、豆类食物中。动物实验结果显示，槲皮素可以提高力竭运动疲劳大鼠血清和脑组织抗氧化酶活力，减轻脂质过氧化反应，增强运动能力。随机双盲安慰剂对照研究发现，给羽毛球运动爱好者补充槲皮素 8周，可以显著改善耐力运动表现[128]。

⑤ 茶多酚　茶多酚是一种以 α‑苯基苯并吡喃为结构基础的类黄酮化合物，主要存在于茶叶中。作为天然的抗氧化剂，茶多酚能够清除羟基和过氧化自由基。动物实验结果显示，茶多酚能够抑制力竭运动诱导的心肌 NADPH 氧化酶活性升高，减少活性氧的产生。随机双盲对照研究显示，给予男性学生绿茶提取物（含茶多酚 640 mg/d）4 周，可以改善运动诱导的氧化损伤[129,130]。

⑥ 姜黄素　姜黄素是一种苯丙烷类化合物，主要存在于姜科植物。动物实验结果显示，姜黄素可以降低血清、心肌和骨骼肌脂质过氧化水平，增强抗氧化酶活性[131]。

⑦ 其他营养物质

A. 辅酶 Q_{10}　辅酶 Q_{10} 也称泛醌，对受过运动训练和未受过训练的受试者，一次性补充辅酶 Q_{10}，可以提高运动中和运动后肌肉组织辅酶 Q_{10} 的浓度，增加 SOD 水平，降低 MDA 水平；多次补充辅酶 Q_{10} 可以增加血浆中辅酶 Q_{10} 的浓度，并且延长运动力竭的时间[132]。补充泛醌类可以降低心肌的自由基损伤，对于有冠心病病史的人大有益处。

B. 肉碱　研究发现，运动员参加马拉松比赛后 24 h，尿液总肉碱排量增加 $80\% \sim 200\%$。参加剧烈运动使尿肉碱排泄量增大，从而使体内肉碱贮量减少，会影响机体的运动能力及有关代谢。补充肉碱可使递增负荷运动大鼠肝脏线粒体电子传递链酶复合体 Ⅰ 和 Ⅳ 活性、SOD 和 GSH‑Px 活性均显著升高，MDA 水平显著降低，提示补充肉碱可提高运动大鼠线粒体电子传递链功能及抗氧化能力[133]。

C. 褪黑素　研究证实，褪黑激素能够减轻大强度运动引起的大分子氧化损伤，包括细胞膜脂质、核 DNA 和 RNA，以及细胞质蛋白质。给予褪黑激素，可使动物运动后肝脏和骨骼肌中 GSH/GSSG 比值明显升高，肝脏、骨骼肌和大脑的脂质过氧化物含量明显降低，大脑 GPX 活性显著升高。人体实验结果显示，运动前口服褪黑素可通过调节氧化应激和炎症信号通路，降低男性长距离跑和登山等高强度运动肌肉损伤，提示褪黑激素在运动性氧化应激中的积极作用[134]。

总之，疲劳如果长期积累，得不到有效缓解，就容易逐渐发展为慢性疲劳综合征，严重威胁人类健康。因此，阻止或者延缓运动性疲劳的发生，加快运动性疲劳的恢复，已成为运动、军事和航天医学等研究领域密切关注的重大课题。西药抗疲劳具有作用明显、起效快等优点，但往往会伴随一些不良影响和副作用。而营养干预疲劳，以其安全可靠、简便易行受到众多研究者的青睐[135]。然而有些营养添加剂，如木黄酮、白藜芦醇等不溶于水，极大影响了其吸收率；而且，木黄酮等很有可能会因为活化雌激素受体，而产生一定的副作用[136]。因此，探索新型的、易吸收的抗运动性疲劳营养因子，开发安全、高效的抗疲劳功能食品，对提高运动员竞技水平和促进大众健身效果具有重要意义。

运动过程中，机体代谢非常活跃，肌肉剧烈收缩需要大量 ATP 提供能量。线粒体作为合成 ATP 的必要场所，是能量代谢的重要枢纽。当线粒体合成 ATP 效率下降时，机体运动能力将受到严重影响，继而引发运动性疲劳[137]。研究表明，力竭等长时间大强度的运动后，线粒体复合物活性下降，线粒体结构呈现出明显的变化，膜电位降低，呼吸功能减弱，ATP 合成严重受阻[138]。因此，依据运动性疲劳发生的线粒体损伤机制，补充靶向于线粒体的药物或者营养物质，维持线粒体结构与功能的完整性，可能是解决运动性疲劳预防和恢复问题的有效策略。

1.5.7 吡咯喹啉醌（Pyrroloquinoline quinone，PQQ）的研究进展

PQQ 是 20 世纪 60 年代由 Hauge 等在细菌中首先发现的一种新型辅酶[139]。1979 年，Duine 等第一次分离得到这种辅酶，随后，Salisbury 等通过 X 线衍射等技术，确定其结构，并命名为 PQQ[140,141]。近年，有学者在 *Nature* 上发表研究论文，建议将其列入 B 族维生素[142]。尽管 PQQ 作为一种新型维生素仍存在争议[143]，目前，也普遍认为人体自身不能合成 PQQ，但不可否认 PQQ 是动物繁殖、生长、发育所必需的营养因子[144,145]，同时在体内兼具多种重要生理功能，如清除自由基、抗氧化、抑制炎症反应、抗凋亡、调

节线粒体功能及能量代谢、保护神经系统、抑制黑色素生成、抗肿瘤、调节骨代谢等[146-150]。

1.5.7.1 PQQ 的自然分布

PQQ 广泛存在于微生物、植物、动物及人体内。在革兰氏阴性菌中，PQQ 以酪氨酸和谷氨酸为底物合成，作为辅基发挥作用。而有些肠道细菌虽然不能合成 PQQ，但能合成依赖 PQQ 的蛋白，当外源性的 PQQ 摄入后，即可与之组合成有活性的全酶，因此适量摄入 PQQ 对维持良好的肠道环境具有重要意义。以 PQQ 为辅基的酶，目前发现的大致有十几类，包括葡萄糖脱氢酶、乙醇脱氢酶、山梨醇脱氢酶、奎尼酸脱氢酶、羽扇豆烷宁羟化酶、聚乙二醇脱氢酶、四氢糠醇脱氢酶和果糖脱氢酶等[151]。

迄今为止，在真核生物中尚未发现以 PQQ 为辅基的酶，但植物、动物及人体中却都有微量 PQQ 的存在。Kumazawa 等采用 GC/MS 方法测定了包括纳豆、猕猴桃、青椒在内的蔬菜、水果、饮品和谷物等二十多种常见食物的 PQQ 含量，发现浓度为 3.65～61.0 ng/g 或 ng/mL 不等[152]。而动物和人体内的 PQQ，目前被认为是通过饮食途径获得[153,154]。研究表明，人体的脾、肝脏、肺、胰腺、脑脊液、中性粒细胞、血红细胞以及尿液、血液和人乳中都含有 PQQ，且人乳中的 PQQ 和其缩合产物 IPQ（Imidazolopyrroloquinoline）的总含量高达 140～180 ng/mL，提示其在新生儿生长发育中发挥非常重要的作用[155,156]。

1.5.7.2 PQQ 的理化性质

PQQ 的相对分子质量只有 330，能够有效地透过血脑屏障。PQQ 的理化性质极其独特，具有高度的热稳定性和水溶性。在弱酸性或中性条件下，会脱去羧基上的氢，以阴离子形式存在。研究显示，PQQ 通过 Mg^{2+} 或 Ca^{2+}，以非共价配位键形式，与酶蛋白连接，参与电子传递和氧化还原酶的酶促反应。PQQ 分子结构中的羧基和邻位醌，是其发挥作用的功能基团。PQQ 的氧化还原电势（＋90 mV），明显比其他辅酶高（NAD^+，－320 mV；FAD，－45 mV），因此更容易获得 2 个电子，催化效率更高[157]。

PQQ 能够在 $PQQH_2$（还原型）、PQQH（半醌型）和 PQQ（氧化的醌型）三种状态之间，通过质子和电子的转移完成相互转化；而且容易与氨基酸等亲核物质发生反应，如图 1-1 所示，生成噁唑衍生物或者咪唑衍生物[158]。

此外，PQQ 独特的邻苯醌结构，兼具核黄素（氧化还原反应）、维生素 C（还原电势）和吡哆醛（羧基活性）所拥有的理化优势，因此具备其他辅酶没有的生理特性。而且，氧化还原电势显著高于甲萘醌、多酚化合物、维生素 C

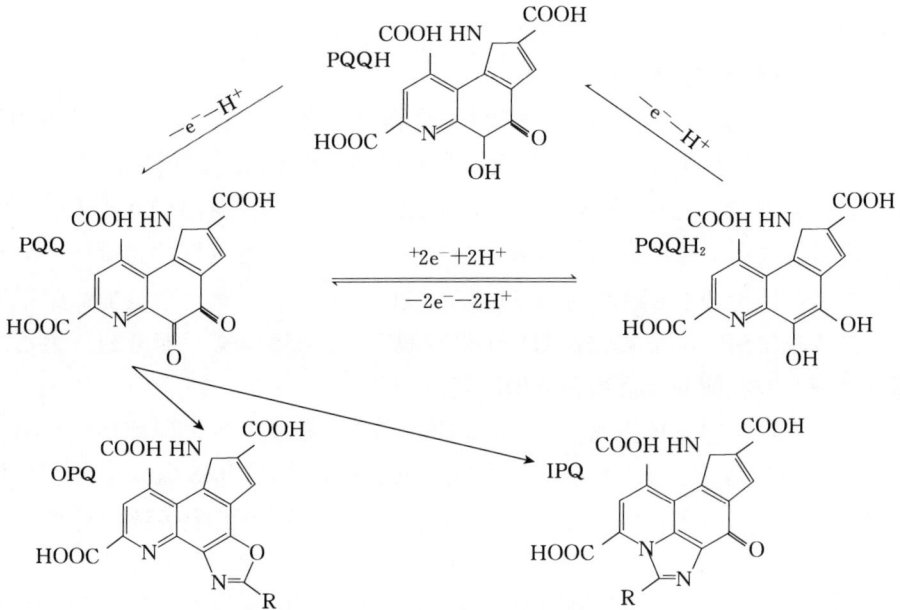

图 1-1　PQQ 及其衍生物[158]

和所有的异黄酮类；化学结构又比较稳定。这种特性使其能催化高达 2 000 次的氧化还原反应，自由基清除能力远高于维生素 C、表儿茶素、槲皮素、肾上腺素等，被认为是具有强催化氧化还原反应能力的生物活性物质[159,160]。

1.5.7.3　PQQ 的生理功能

（1）清除自由基，抗氧化

在正常机体内，自由基的产生和清除处于动态平衡；而当受到不良的刺激时，这种平衡就会遭到破坏，致使自由基过多积累，对细胞造成伤害。PQQ 化学性质上的特点，使其能够不依赖谷胱甘肽（Glutathione，GSH），而直接发挥清除过量自由基的作用。PQQ 清除自由基的能力非常强大，比维生素 C 高 50～100 倍，其中，以还原态形式存在的 PQQH$_2$ 能够阻碍单态氧反应，使多种活性氧自由基（ROS）还原，从而避免机体遭受氧化损伤[161]。

① 保护心脏　PQQ 保护心脏的作用与其清除 ROS 的能力密切相关。心脏缺氧再灌注时，PQQ 可以清除过多的 ROS，降低乳酸脱氢酶的释放，同时抑制肌红蛋白发生过氧化，预防缺氧再灌注对心肌造成损伤。Zhu 等研究心肌缺血再灌注模型时发现，PQQ 干预能够降低心肌中脂质过氧化物丙二醛的产生，缩小心肌梗死面积，减少心室纤维性颤动[162]，并且发现 PQQ 对心脏的保护效果优于降压、抗心律失常药物美托洛尔[163]。Tao 等研究显示，在

H₂O₂诱导的心肌细胞损伤模型中，PQQ 可以抑制 ROS 的产生，能够防止线粒体膜电位的下降，保护心肌细胞[147]。

② 保护神经系统 Zhang 等采用线拴法制备脑缺血模型，发现静脉注射 PQQ，能够显著有效减少神经行为和缺陷梗死面积[164]。Jensen 等在脑缺氧/缺血研究中也发现，腹腔注射 PQQ，在有效减少脑梗死范围的同时，不产生神经行为副作用[165]。Ohwada 等研究报道，在氧化应激诱导的认知缺陷模型中，PQQ 发挥着重要的保护作用，表明 PQQ 的抗氧化活性可以抑制氧化应激造成的神经系统损伤，继而增强了认知能力[166]。

③ 预防肝脏脂质过氧化 Pandey 等研究了含有 PQQ 基因簇的益生菌对二甲肼（Dimethylhydrazine，DMH）诱导的氧化应激的作用，结果发现，口服含有 PQQ 基因簇的益生菌后，可以降低 DMH 处理后的肝组织脂质过氧化反应，能够保持肝组织中超氧化物歧化酶（Superoxide dismutase，SOD）、过氧化氢酶（CAT）和谷胱甘肽过氧化物酶（GSH‐Px）活性接近正常水平，证明 PQQ 在 DMH 诱导的氧化应激模型中，对肝组织具有很好的保护作用[167]。Kumar 等首次发现，在链脲佐菌素（Streptozotocin，STZ）诱导小鼠中，PQQ 具有减轻肝组织等氧化损伤的潜力，提示 PQQ 在糖尿病肝组织中发挥着抗氧化作用[168]。Singh 等在鱼藤酮诱导的氧化应激模型中，通过脂质过氧化、过氧化氢酶、GSH 含量及 SOD 酶活性评估，证实了 PQQ 可防止大鼠肝脏氧化应激和线粒体损伤[169]。

（2）抑制 NF‐κB 介导的炎症反应

近年来，PQQ 在转录因子 NF‐κB 介导的炎症反应方面的作用，逐渐引起研究人员的兴趣。研究发现，在体内外的关节炎模型中，PQQ 均能抑制 NF‐κB（p65）的磷酸化，降低促炎因子 IL‐6、TNF‐α 的产生，从而发挥抗炎作用[148]。另有研究报道，PQQ 预处理能显著抑制 LPS（Lipopolysaccharides）诱导的原代小胶质细胞 TNF‐α、IL‐1β、IL‐6 等促炎介质的表达，降低 NF‐κB（p65）的磷酸化水平，阻止 NF‐κB 的入核；在体研究也显示同样的结果，进一步表明 PQQ 具有减轻神经炎症的作用[170]。

（3）调节线粒体功能

线粒体在防止 ROS 损伤、增加能量代谢、延长寿命等诸多方面都具有非常重要的作用。研究表明，PQQ 和木黄酮、白藜芦醇等生物活性物质，都可以刺激线粒体生物发生，促进线粒体呼吸[171-175]。然而相比于木黄酮和白藜芦醇，PQQ 易溶于水、好吸收，而且有体内研究发现，每千克饮食中添加微摩尔浓度或毫克级的 PQQ 就足够刺激线粒体的生物发生[176]。

PQQ 缺乏的饮食会导致大鼠或小鼠细胞中线粒体含量减少，诱发线粒体损伤的相关疾病[177]。缺乏 PQQ 的幼鼠，与添加 PQQ 饮食的小鼠相比，肝内线粒体数量明显较少，同时呼吸商和呼吸控制率也均下降[172]。在体外培养的小鼠肝细胞中，添加 $10 \sim 30 \ \mu mol/L$ 浓度的 PQQ 能够增加线粒体 DNA 含量，提高细胞氧化呼吸水平[178]。

在研究 PQQ 对肝脏基因转录的影响时发现，PQQ 能够改变多达 238 个基因的表达，而短期的 PQQ 剥夺就能诱变 438 个基因的转录，其中，与线粒体发生、细胞应激、胞内信号转导相关的基因转录发生了显著变化。这些结果充分表明，PQQ 能够调节线粒体功能相关的多项指标[179]。

（4）抗凋亡

有研究表明，PQQ 能有效降低谷氨酸或 N‑甲基‑D‑天冬氨酸（N‑methyl‑D‑aspartate，NMDA）对海马神经元及大脑皮层的损伤，抑制细胞凋亡的发生，这种作用在 $0 \sim 100 \ \mu mol/L$ 范围内具有剂量效应，具体作用机制可能涉及 SOD 活力的提高、MDA 生成的抑制、Bcl‑2（B‑cell lymphoma‑2)/Bax（Bcl‑2 associated X protein）比值的增大等[180,181]。也有研究报道，PQQ 预处理对谷氨酸诱导的神经干细胞和祖细胞凋亡/坏死有明显的保护作用[182]。在大鼠创伤性脑损伤模型中，PQQ 也发挥了抑制细胞凋亡、保护神经系统的作用[183]。

此外，Yang 等在过氧化氢（Hydrogenperoxide，H_2O_2）诱导体外培养的大鼠髓核细胞损伤模型中，也发现 PQQ 的预处理可增加 Bcl‑2 的表达，抑制线粒体细胞色素 C 的释放，降低 Bax 和 Caspase‑3 的表达[184]。Huang 等也报道，补充 PQQ 可以通过提高抗氧化能力，抑制氧化应激、减少 DNA 损伤、减少细胞凋亡，在牙齿和下颌骨抗骨质疏松中发挥作用[185]。

（5）动物繁殖、生长、发育必需的营养因子

1989 年，Killgore 等在 Science 上发表文章，首次报道了小鼠的 PQQ 缺乏症。当 PQQ 缺乏时，小鼠会表现出脱毛、身体弯曲、皮肤脆弱、腹部出血甚至死亡的典型症状；研究中还发现，PQQ 缺乏会明显增加小鼠胶原的溶解度，显著降低赖氨酰氧化酶活性[144]。Steinberg 等进一步研究，证实了 PQQ 的缺乏还会导致小鼠不产或者少产，甚至捕食新生幼鼠；而且，幸存的新生幼鼠表现出更为严重的 PQQ 缺乏症，生长非常缓慢，仅有 50% 左右能够存活到断奶期（4 周）；当用不含 PQQ 的饲料，继续喂养幸存的幼鼠到第 8 周后，发现这些小鼠的生育能力显著下降[186]。

1.5.7.4　PQQ 的安全与毒理性

　　Naito 等研究报道，低浓度的 PQQ（$0.003\sim30\ \mu mol/L$）对成纤维细胞没有毒性作用[187]。另有研究表明，健康成人每天补充 20 或 60 mg 的 PQQ 并不会产生有害影响，血液中甘油三酯、葡萄糖、转氨酶等各项指标均在正常范围内，反映肾实质病变的指标——尿液 N-乙酰基-β-（D）-氨基葡萄糖苷酶活性也处于正常水平。按照药品安全性试验规范，对大鼠单次口服毒性剂量进行试验，结果显示 PQQ 的致死剂量为 $500\sim1\ 000$ mg/kg[159]。以上结果表明，PQQ 在一定剂量范围内的合理应用，不会出现显著的毒性反应或副作用。

2　PQQ 对电刺激骨骼肌细胞的保护作用

2.1　引言

运动性疲劳是锻炼和训练时不可避免的现象，如不能得到及时恢复，将极大影响大众健身效果，严重限制运动员竞技水平的提高，并可造成机体损伤，不利于健康。因此，探索安全、高效、无毒的运动营养因子，阻止或延缓运动性疲劳的发生，一直都是运动医学领域研究的重点和热点[188]。

PQQ 强大的自由基清除能力及多样的生物学功能，提示其在运动性疲劳的预防和恢复方面具有重要的研发价值，但目前尚未见到相关报道。PQQ 是否能够抑制运动性疲劳过程中 ROS 的过量产生？PQQ 的抗运动性疲劳作用是否跟细胞凋亡相关基因的调控有关？均未知晓。

因此，本研究拟通过电刺激骨骼肌细胞，建立运动性疲劳的细胞模型，观察 PQQ 对 ROS 生成的直接影响，探讨 PQQ 对细胞损伤、NF‑κB 介导的炎症反应、细胞凋亡关键因子等的调控作用，以期为阐明 PQQ 的抗运动性疲劳作用提供可靠依据。

2.2　材料

2.2.1　细胞株

C2C12 细胞（小鼠骨骼肌肌母细胞系），ATCC 号为 CRL‑1772™。C2C12 细胞在培养过程中可以进行分化，形成骨骼肌细胞。

2.2.2　主要试剂

主要试剂见表 2‑1。

表 2‑1　主要试剂

主要试剂
PQQ
DEPC 水

（续）

主要试剂
胎牛血清
甲醇（HPLC 级别）
氯化钾
异丙醇
氯仿
马血清
DMEM 高糖培养基
PrimeScript™ RT reagent Kit with gDNA Eraser（Perfect Real Time）
RIPA 细胞裂解液
PMSF 蛋白抑制剂
BCA 试剂盒
SYBR® Premix DimerEraser™（Perfect Real Time）
SYBR® Premix Ex Taq Ⅱ（Tli RNaseH Plus），ROX Plus
NaCl（氯化钠）
NaH_2PO_4
脱脂奶粉
碳酸氢钠
CCK‑8 试剂盒
活性氧（ROS）检测试剂盒
乳酸脱氢酶（LDH）试剂盒
PageRuler™ Prestained Protein Ladder，10to 180ku
TEMED（N,N,N',N'‑四甲基乙二胺）
Tween‑20
Glycine
Tris
β‑actin Mouse mAb（5B7）
NF‑κB（p65）mAb

2.2.3　主要仪器设备

主要仪器见表 2-2、图 2-1、图 2-2。

表 2-2　主要仪器

主要仪器
超纯水系统
手动单道可调移液器（1 mL、20～200 μL、10 μL、2 μL）
生物安全柜
−80 ℃超低温冰箱
液氮储存箱
电刺激器
实时荧光定量 PCR 仪
立式压力蒸汽灭菌器
制冰机
酶标仪
超微量紫外分光光度计
Millipore 纯水仪
PCR 仪
水平脱色摇床
垂直电泳仪
半干电转印系统
槽式电转印系统
双色红外激光成像仪
多功能荧光发光凝胶成像仪
电子天平
台式高速冷冻离心机
倒置显微镜（照相系统）
精密天平
加热磁力搅拌器
高速立式离心机
电动吸液器
双层恒温培养振荡器
8 孔道电动移液器（20 μL、20～200 μL）
pH 计
流式细胞仪
超级恒温水槽
生物超净工作台
掌式离心机
中型台式离心机
78-1 磁力加热搅拌器

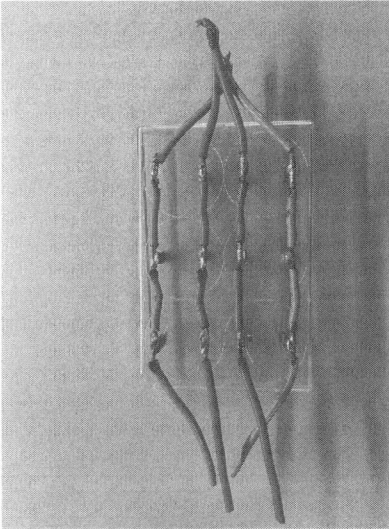

图 2-1 电刺激六孔细胞培养皿　图 2-2 电刺激单孔细胞培养皿

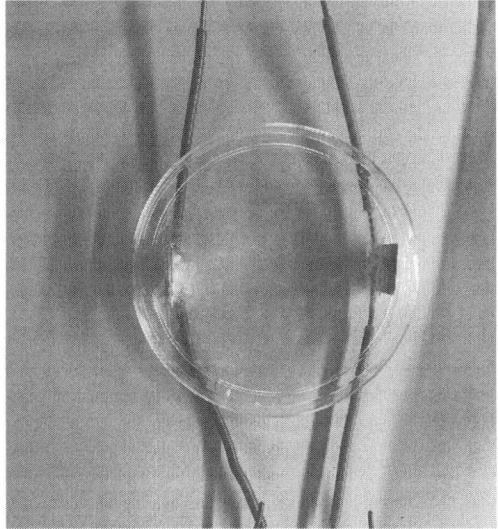

2.2.4 主要溶液的配制

① PQQ　用超纯水配制成 2 μmol/L 浓度的储存液，分装，$-20\,^{\circ}\mathrm{C}$ 保存，临用前稀释成所需浓度。

② 0.01 mol/L PBS　KCl 0.20 g，NaCl 8.00 g，KH$_2$PO$_4$ 0.24 g，Na$_2$HPO$_4$·12H$_2$O 2.9 g，pH 调至 7.2，加双蒸水定容至 1 L。

③ 1 mol/L Tris - HCl（pH 6.0、6.8、8.0）　121.1 g Tris 加去离子水溶解，调 pH，定容。

④ 30%（W/V）聚丙烯酰胺　290 g 丙烯酰胺溶于双蒸水，定容至 1 L，0.45 μm 滤膜过滤，分装于棕色瓶中，$4\,^{\circ}\mathrm{C}$ 保存。

⑤ SDS - PAGE 缓冲液（5×）　Bromophenol blue 25 mg，SDS 0.5 g，1 mol/L Tris - HCl（pH 6.8）1.25 mL，Glycerol 2.5 mL，溶于去离子水，定容至 5 mL，分装，$4\,^{\circ}\mathrm{C}$ 保存。使用前每毫升缓冲液加 50 μL 2-巯基乙醇（2-ME）。

⑥ SDS - PAGE 电泳缓冲液（储液 5×）　SDS 5 g，Tris 15.1 g，甘氨酸 94 g，溶于双蒸水，定容至 1 L。

⑦ 转膜缓冲液（1×Transfer buffer）　甘氨酸 2.9 g，SDS 0.37 g，Tris 5.8 g，溶于双蒸水，加适量甲醇定容至 1 L。

⑧ TBST 溶液（10×）　NaCl 8.8 g，1 mol/L Tris - HCl（pH 8.0）

20 mL，溶于 H_2O，加 500 μL Tween - 20，定容至 1 L，4 ℃保存。

⑨ 封闭液　TBST 溶液＋55％BSA。

2.3　实验方法

2.3.1　C2C12 细胞的培养、传代与分化

C2C12 细胞购买后放液氮中保存，需要时复苏，用含 10％胎牛血清的 DMEM 高糖培养基，放于 5％CO_2，37 ℃、饱和湿度的培养箱中培养。当细胞生长至 70％～80％时，用胰蛋白酶消化，传代；继续培养，待细胞长满皿底后，换成含 2％马血清的培养基进行分化；分化 6 d 后进行实验。

2.3.2　电刺激方式及分组

使用 Master - 8 电刺激器，对分化 6 d 的肌管进行电刺激，刺激强度为 45 V、20 ms、5 Hz。当电刺激肌管，收缩引起肌管内释放 ROS 的量增加到最大，随后迅速下降；同时，培养基中的 LDH 活性急剧而显著地增加时，表明细胞已受到一定程度的损伤，收缩功能变得低下，细胞疲劳模型建立。

正常对照组 NC 组不进行电刺激，实验组分为单纯电刺激组（E 组）和 PQQ 预孵育＋电刺激组（E＋PQQ 组）。

2.3.3　ROS 含量的检测

（1）装载探针

电刺激分化好的肌管细胞后，装载探针。先用无血清细胞培养液按 1∶1 000 比例稀释荧光探针（DCFH - DA），终浓度为 10 μmol/L。去培养液，加稀释过的 DCFH - DA，充分盖住细胞，37 ℃孵育 20 min。用无血清培养液洗涤 3 次。

（2）检测

装好探针，用荧光显微镜直接观察后，收集细胞，用流式细胞仪或荧光酶标仪检测。激发波长和发射波长分别为 488 nm 和 525 nm。

2.3.4　LDH 含量的检测

电刺激后，收集各组细胞培养液，采用南京建成的 LDH 测试试剂盒，严格按照操作说明进行操作。

2.3.5　细胞活力检测

培养结束后，加入 CCK‑8 溶液，37 ℃孵育，然后用酶标仪，在 450 nm 波长下，检测光密度值（Optical density，OD），正常对照 NC 组的细胞活力为 100％，计算各组的相对细胞活力。每个实验重复三次，每次设定 6 个复孔。

2.3.6　组织细胞因子和凋亡相关基因 mRNA 表达水平的检测

（1）总 RNA 的提取

将需要的小块组织加入 Trizol，冰上研磨，加入氯仿充分混匀，静置分层，4 ℃ 12 000 r/min 离心，弃上清，加入 75％乙醇，4 ℃ 7 500 r/min 离心，弃上清，晾干，DEPC 水溶解，测定光吸收值，分析计算总 RNA 样品的浓度和纯度。

（2）反转录反应

按表 2‑3 反应体系，冰上配制反应混合液，然后置于 PCR 仪，42 ℃反应 2 min 去除基因组 DNA；再按表 2‑4 反应体系，冰上配制反应混合液，置于 PCR 仪，37 ℃反应 15 min，85 ℃反应 5 s，反转录成 cDNA，4 ℃保存备用。

表 2‑3　去除基因组 DNA 反应体系

试剂	体积
5×gDNA eraser buffer	2 μL
Total RNA	1 μL
gDNA eraser	1 μL
RNase free distilled H_2O	加至总体积为 10 μL

表 2‑4　反转录体系

试剂	体积
去除基因组 DNA 的总 RNA 反应液	10 μL
RT primer mix	1 μL
5×PrimeScript buffer2	4.0 μL
PrimeScript RT enzyme mix I	1 μL
RNase free distilled H_2O	加至总体积为 20 μL

（3）引物设计

根据 GenBank 的全长序列，用 Primer5 设计，GenBank BLAST 进行同源

比对，由上海生工与上海通用生物公司合成，引物序列见表 2-5。

表 2-5 Real-time PCR 引物序列

引物	序列
β-actin-F	CCAGAGCTGAACGGGAAGCTCAC
β-actin-R	CCATGTAGGCCATGAGGTCCACC
IL-6-F	TAGTCCTTCCTACCCCAATTTCC
IL-6-R	CCTCTCGGCAGTGGATAAAG
IL-1β-F	AGGACAGGATGAACTTTGAC
IL-1β-R	TGATAGACATTAGCCAGGAG
CXCL10-F	GTGGCATTCAAGGAGTACCTC
CXCL10-R	TGATGGCCTTCGATTCTGGATT
Caspase3-F	AGGACAGGATGAACTTTGAC
Caspase3-R	TGATAGACATTAGCCAGGAG

（4）实时荧光定量 PCR

反应体系如表 2-6 所示，反应程序为 95 ℃预变性 30 s；95 ℃变性 5 s，55 ℃退火 30 s，72 ℃延伸 30 s，共 40 个循环；95 ℃ 15 s，72～90 ℃，0.1 ℃/循环递增，分析熔解曲线。以 β-actin 为内参，通过 $2^{-\Delta\Delta Ct}$ 法算出样品中基因的相对表达水平。

表 2-6 实时荧光定量 PCR 反应体系

试剂	体积
Forward primer（10 μmol/L）	0.4 μL
Reverse primer（10 μmol/L）	0.4 μL
SYBR® premix Ex Taq Ⅱ（Tli RNaseH Plus），ROX Plus	10 μL
cDNA 溶液（30 ng/μL）	3 μL
双蒸水	加至总体积为 20 μL

2.3.7 Western blot 检测组织中 NF-κB 的蛋白表达

（1）提取总蛋白

称取组织 30 mg，用预冷的生理盐水漂洗，吸干，剪碎；加入 270 μL 预冷的生理盐水，冰上研磨；4 ℃，3 000 r/min，离心 15 min；取上清，分装，做好标记，4 ℃保存，备用。

（2）测定总蛋白浓度

① 配制牛血清蛋白（Bovine serum albumin，BSA）标准品　称取 BSA，充分溶解于 PBS 或者蛋白标准配制液中，配成 1 mg/mL 标准液。

② 制作标准品浓度梯度　分别将 20、18、16、12、10、8、4、2、0 μL BSA 标准品（1 mg/mL）加入 96 孔板中，加 PBS 至总体系 20 μL，因此 BSA 含量分别为 20、18、16、12、10、8、4、2、0 μg。

③ 取 1 μL 待测蛋白样品，加 PBS 至总体系 20 μL，每个样品 3 个复孔。

④ BCA 试剂 A 液/BCA 试剂 B 液按 50：1 比例配制工作液，混匀，每孔中各加入 200 μL，37 ℃，避光反应 30 min。

⑤ 将 96 孔板放置于多功能酶标仪，波长 562 nm 测定各孔吸光度值（OD 值），然后绘制标准曲线，再根据曲线方程计算待测样品蛋白浓度。

（3）制备上样液

根据待测样品蛋白浓度，计算蛋白体积，以使上样总蛋白量为 40 μg，然后加 PBS 将上样样品补至相同体系；接着加入 5× 上样缓冲液，反复吹打，混合均匀；再放置 PCR 仪，95 ℃ 反应 10 min，使蛋白变性；最后用掌式离心机稍微离心，−80 ℃ 保存，备用。

（4）SDS-PAGE 电泳

① 将 Western blot 玻璃板和梳子严格清洗干净，然后放置烘箱烘干，备用。

② 将玻璃板夹紧，安装到配胶架上。

③ 配胶　按表 2-7 体系所示先配制分离胶；将分离胶加入夹紧在胶架上的两块玻璃板间，加入异丙醇，静置约 30 min；滤纸吸干异丙醇，并用双蒸水小心冲洗，吸干；然后按表 2-8 体系配制浓缩胶；将配好的浓缩胶混匀，加至玻璃板分离胶上，插入梳子，静置 30 min。

表 2-7　分离胶配制体系

试剂	体积
双蒸水	2 mL
30％丙烯酰胺	1.7 mL
1.5 mol/L Tris-HCl（pH 8.8）	1.3 mL
10％SDS	50 μL
10％过硫酸铵（ammonium persulfate，APS）	50 μL
TMEMD	2 μL

表 2-8　浓缩胶配制体系

试剂	体积
双蒸水	1.4 mL
30%丙烯酰胺	155 μL
1.5 mol/L Tris-HCl (pH 6.8)	125 μL
10%SDS	10 μL
10% APS	10 μL
TMEMD	1 μL

④ 电泳　浓缩胶凝固后，小心拔出梳子，将胶板放置电泳槽内，加入缓冲液，加样，上样总蛋白量为 40 μg，同时，上样蛋白 Marker；然后 80～90 V 恒压电泳约 20 min 后，调节电压为 120 V，继续电泳至染料到达凝胶底部。

（5）转膜

① 电泳结束后，切下含有目的蛋白和内参蛋白的凝胶。

② 根据切下的凝胶大小，裁剪好滤纸和 PVDF 膜。

③ 将 PVDF 膜放置甲醇中活化 15 s，然后将滤纸、PVDF 膜和切下的凝胶放置转膜缓冲液中浸泡 10 min。

④ 铺好 3 层滤纸，赶走气泡；然后铺上切下的凝胶，赶走气泡；再将 PVDF 膜铺在凝胶上方，接着铺上 3 层滤纸，赶走气泡（整个过程为避免胶干燥，应不断加入电转缓冲液）；然后将靠近膜的面对准白板，靠近胶的面对准黑板装配好；110 V，恒流，湿转 70 min。

（6）洗膜

电转结束后，用镊子轻轻夹起转好的膜，膜的蛋白面朝上，TBST 漂洗 3 次，每次约 10 min。

（7）封闭反应

将 PVDF 膜放置于 10%脱脂奶粉中，摇床上封闭 1 h。

（8）抗体孵育

① 一抗孵育　按抗体说明书的比例配制一抗，将 PVDF 膜整个放置于一抗中，4 ℃，摇床上孵育过夜，GAPDH 作为内参。

② 第 2 天，回收一抗，TBST 洗膜 3 次，每次大约 10 min。

③ 二抗孵育　加入相应的荧光二抗，室温，摇床上孵育 2 h。

④ TBST 洗膜 3 次，每次大约 10 min。

（9）成像和分析

将 PVDF 膜放置于双色红外激光成像仪扫描成像，分析目的蛋白条带。

2.3.8 统计与分析

使用 SPSS Statistics 22 进行数据统计，单因素方差分析组间差异；计算结果以"均数±标准差"表示；$P < 0.01$，差异非常显著；$P < 0.05$，差异显著，具有统计学意义；作图使用 Graphpad prism 6 软件；Western 灰度计算用 Image - Pro Plus 6.0 软件。

2.4 结果与分析

2.4.1 C2C12 细胞的形态特征

C2C12 细胞具有很好的分化能力；未分化的 C2C12 细胞，贴壁后大多数为梭形，少数为不规则状，有突起；分化后开始融合，形成明确的肌原纤维；分化 6 d 后，则形成具有收缩功能的肌管（图 2 - 3），表明购买的细胞株状态良好，适用于实验研究。

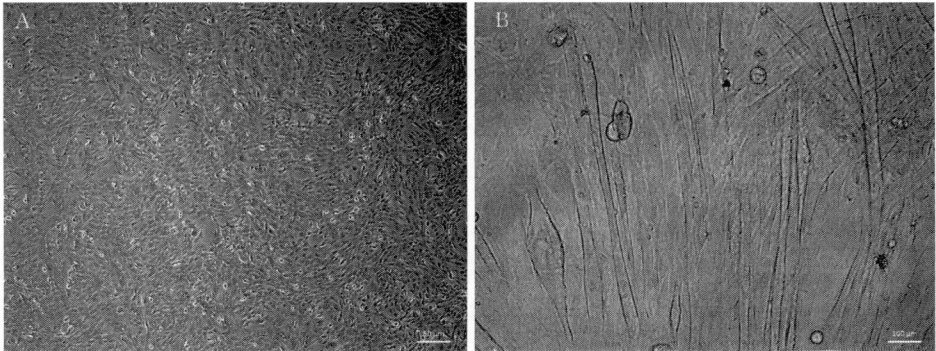

图 2 - 3　正常的 C2C12 细胞和分化 6 d 的肌管
A：正常的 C2C12 细胞；B：分化 6 d 的肌管。

2.4.2 电刺激 C2C12 肌管引起 ROS 的变化

为了选择合适的电刺激时间，采用 45 V、20 ms、5 Hz 恒定的刺激强度，电刺激分化 6 d 的肌管，在不同的电刺激时间点测定 ROS 的变化。结果如图 2 - 4 所示，与正常对照组（无电刺激组）相比，电刺激肌管收缩会引起肌管内释放 ROS 的量增加，且增加量随着刺激时间不同而变化；在电刺激 120 min 时，ROS 的量达到最高，随后迅速下降。此结果表明 120 min 为适宜的电刺激时间，可以为探讨 PQQ 延缓和清除自由基的产生提供直观有效的证据。

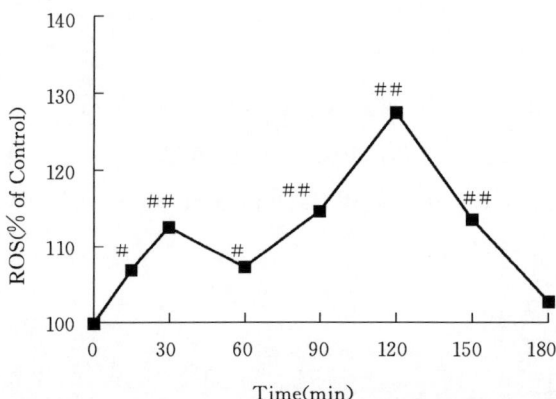

图 2-4　电刺激 C2C12 肌管引起 ROS 的变化

ROS：氧自由基；Control：正常对照；＃：$P<0.05$，＃＃：$P<0.01$，与正常对照组相比。

2.4.3　电刺激 C2C12 肌管引起 LDH 的变化

培养基中 LDH 的活性是反映细胞受损程度的重要指标，为了进一步确定电刺激的合适时间，测定了不同刺激时间点培养基中 LDH 活性的变化，结果如图 2-5 所示。

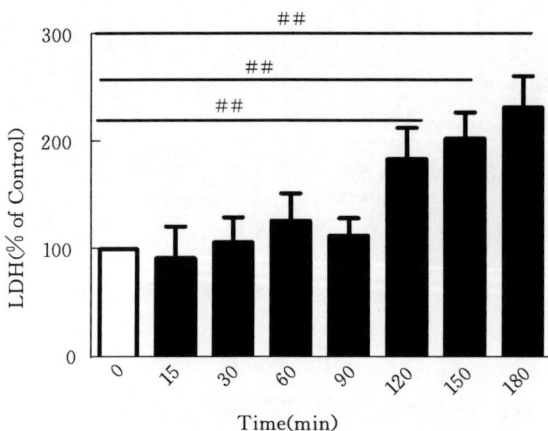

图 2-5　电刺激 C2C12 肌管引起 LDH 的变化

LDH：乳酸脱氢酶；Control：正常对照；＃＃：$P<0.01$，与正常对照组相比。

可以看出，电刺激 120 min 后，随着刺激时间的增加，培养基中 LDH 活性不断增加；与正常对照组相比，电刺激 120、150 及 180 min 时，LDH 活性皆极显著增加（$P<0.01$），且存在时间-效应关系。此结果进一步表明电刺激 120 min 为合适的电刺激时间，因此，后续实验选用 45 V、20 ms、5 Hz 的刺

激强度，电刺激骨骼肌细胞 120 min，建立体外运动性疲劳的细胞模型。

2.4.4　PQQ 对正常 C2C12 细胞活力和肌管细胞活力的影响

为了验证不同浓度 PQQ（62.5、125、250、500、1 000、2 000 nmol/L）对正常 C2C12 细胞和 C2C12 肌管细胞的毒性作用，采用 CCK‐8 法，分别测定不同浓度 PQQ 作用 C2C12 细胞活力 72 h 和孵育肌管 24 h 后的细胞活力。结果显示，各组的 C2C12 细胞活力和各组的肌管细胞活力均没有统计学差异（图 2‐6 和图 2‐7），表明 62.5~2 000 nmol/L 浓度范围内的 PQQ 对正常培养的 C2C12 细胞活力和肌管细胞活力均没有显著影响，表明该浓度范围内 PQQ 对细胞无毒性作用。

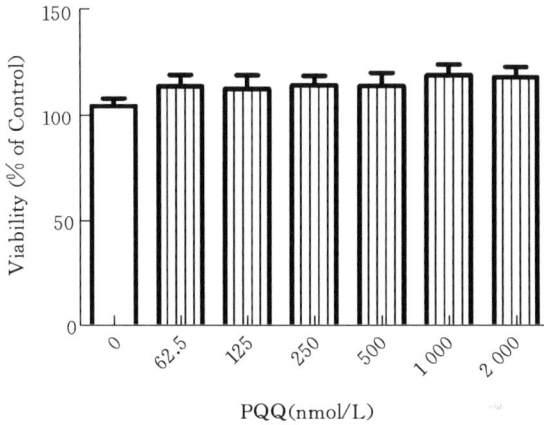

图 2‐6　不同浓度 PQQ 对正常培养 C2C12 细胞活力的影响

Viability：细胞活力；Control：正常对照。

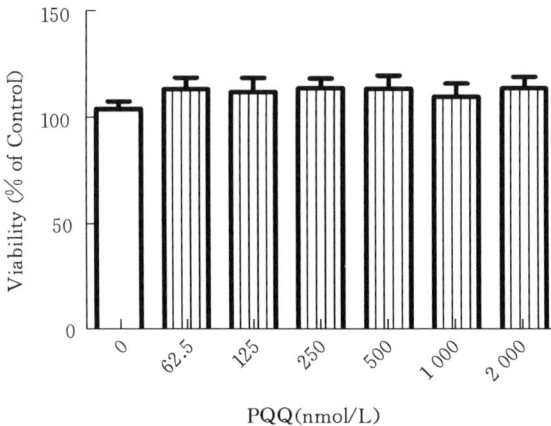

图 2‐7　不同浓度 PQQ 对肌管细胞活力的影响

Viability：细胞活力；Control：正常对照。

2.4.5 不同浓度 PQQ 对电刺激肌管培养基 LDH 的影响

为了选择合适的 PQQ 孵育浓度，电刺激肌管前给予不同浓度的 PQQ（62.5、125、250、500 nmol/L），孵育 24 h，电刺激 120 min 后测定各组肌管培养基里的 LDH 活性，如图 2-8 所示。

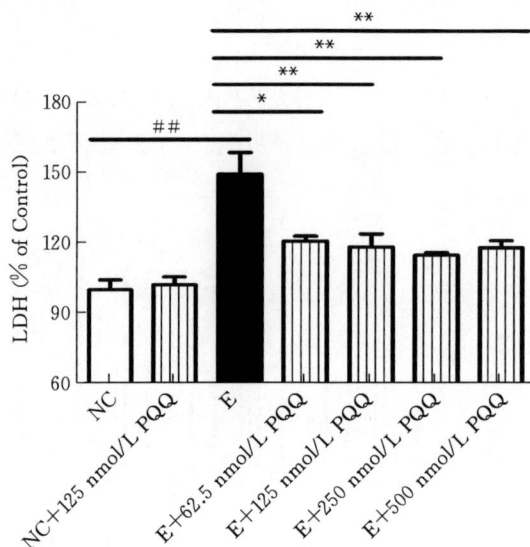

图 2-8 不同浓度 PQQ 对电刺激肌管培养基 LDH 活性的影响

LDH：乳酸脱氢酶；Control：正常对照；NC：正常对照组；E：电刺激组；＃＃：$P<0.01$，与 NC 组相比；＊＊：$P<0.01$，＊：$P<0.05$，与 E 组相比。

上述结果以正常对照组 LDH 活性为 100%，计算其他各组细胞的相对 LDH 活性。与正常对照组相比，电刺激损伤组 LDH 活性极显著升高；不同浓度 PQQ 孵育组均可使培养液中的 LDH 活性显著下降，与电刺激损伤组的差异皆具有统计学意义，并显示出一定的剂量效应趋势。其中，62.5 nmol/L 具有显著意义（$P<0.05$），125～500 nmol/L 具有极显著意义（$P<0.01$）。因此，后续研究选用 125 nmol/L 的 PQQ，孵育时间为 24 h。

2.4.6 PQQ 对电刺激肌管 ROS 的影响

使用活性氧检测试剂盒，对肌管 ROS 的生成进行测试，ROS 的产生量与荧光强度成正比，结果如图 2-9 所示。

从图中可知，电刺激后，肌管 ROS 的生成显著增多（$P<0.01$）；而 PQQ 在体外运动性疲劳模型中，可以明显抑制 ROS 的大量积累（$P<0.01$）。

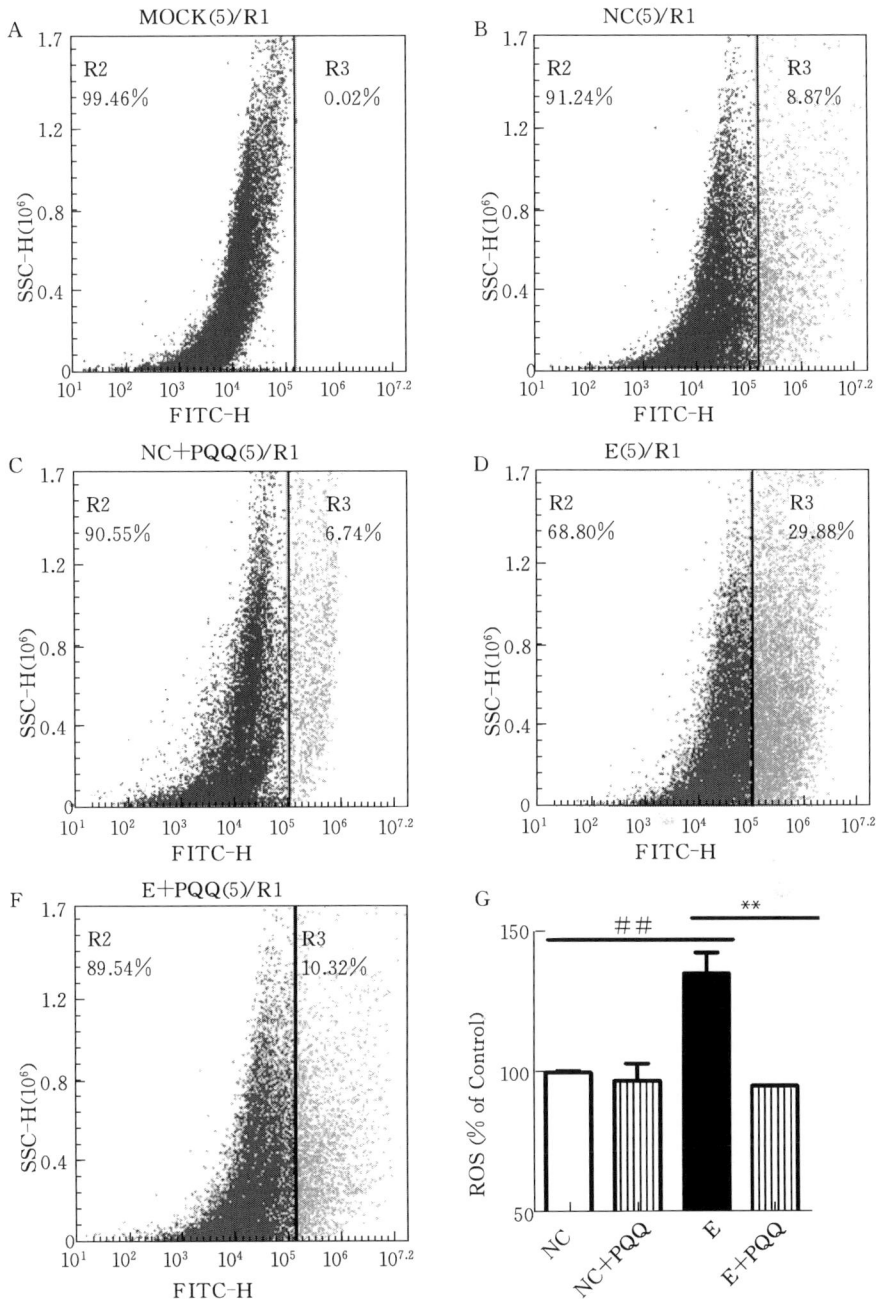

图 2-9　PQQ 对电刺激肌管 ROS 的影响

ROS：氧自由基；Control：正常对照；A～F：流式细胞仪检测结果；G：酶标仪检测结果；A：空白对照组；B：正常对照组；C：PQQ 干预；D：电刺激干预；F：电刺激＋PQQ 干预；NC：正常对照组；E：电刺激组；♯♯：$P < 0.01$，与 NC 组相比；＊＊：$P < 0.01$，与 E 组相比。

2.4.7 PQQ 对电刺激 C2C12 肌管 NF‐κB（p65）蛋白表达的影响

Western blot 结果（图 2‐10）显示，长时间一次性电刺激肌管，骨骼肌收缩引起肌管 NF‐κB（p65）的蛋白表达量显著高于未电刺激的正常对照组（$P<0.01$）；而与单纯电刺激组相比，经 125 nmol/L PQQ 孵育后再电刺激，则可以显著下调肌管 NF‐κB（p65）的蛋白表达量（$P<0.01$）。

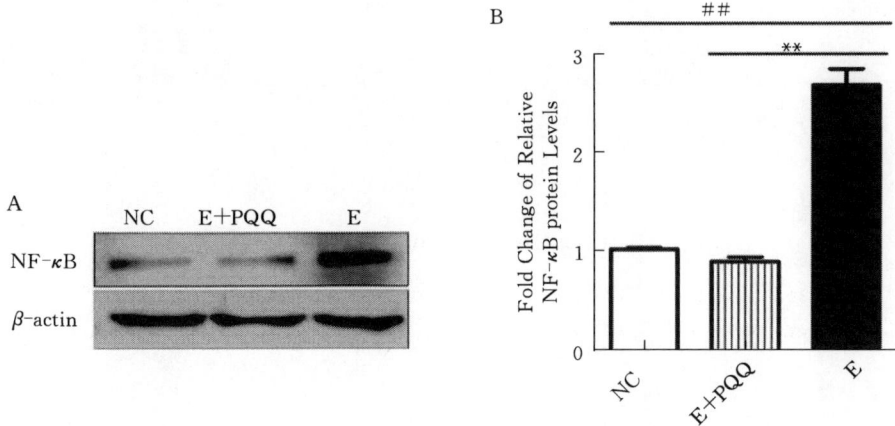

图 2‐10　PQQ 对电刺激肌管 NF‐κB（p65）蛋白表达的影响

A：Western blot 检测 NF‐κB（p65）的蛋白表达；B：NF‐κB（p65）的蛋白表达水平分析；NC：对照组；E：电刺激组；E+PQQ：电刺激+PQQ 干预组；##：$P<0.01$，与 NC 组相比；＊＊：$P<0.01$，与 E 组相比。

2.4.8 PQQ 对电刺激 C2C12 肌管细胞因子 mRNA 表达的影响

如图 2‐11 所示，与正常对照组相比，电刺激使 C2C12 肌管中的促炎因子

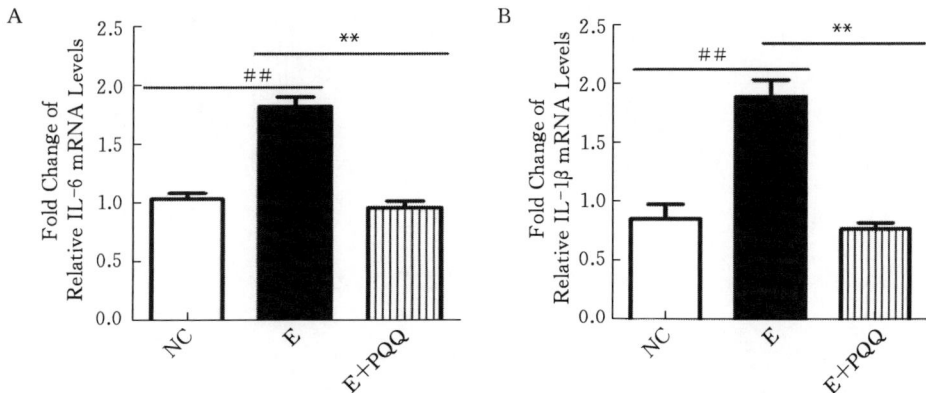

C

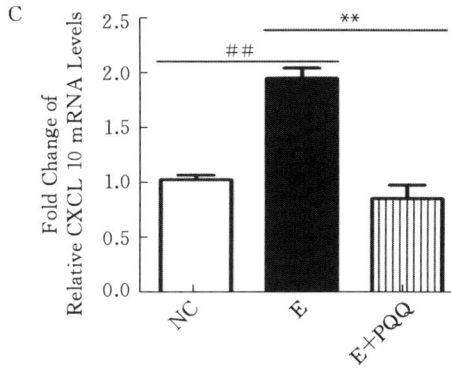

图 2-11　PQQ 对电刺激肌管细胞因子 mRNA 水平的影响

NC：正常对照组；E：电刺激组；E+PQQ：电刺激＋PQQ 干预组；＃＃：$P<0.01$，与 NC 组相比；＊＊：$P<0.01$，与 E 组相比。

IL-6、IL-1β 及趋化因子 CXCL10 的 mRNA 表达量显著升高（$P<0.01$）；而与电刺激组相比，PQQ 孵育组 IL-6、IL-1β 及 CXCL10 的表达量均显著降低（$P<0.01$）。

2.4.9　PQQ 对电刺激 C2C12 肌管 Caspase-3mRNA 表达的影响

为了初步探讨 PQQ 对电刺激肌管细胞凋亡的影响，检测了各组 Caspase-3 的 mRNA 表达。图 2-12 显示，与正常对照组相比，采用 45 V、20 ms、5 Hz

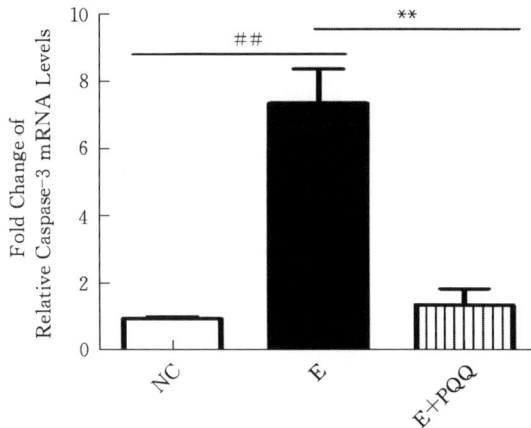

图 2-12　PQQ 对电刺激肌管 Caspase-3mRNA 水平的影响

NC：正常对照组；E：电刺激组；E＋PQQ：电刺激＋PQQ 干预组；＃＃：$P<0.01$，与 NC 组相比；＊＊：$P<0.01$，与 E 组相比。

的刺激强度，电刺激 120 min 后，骨骼肌细胞 Caspase‐3 的 mRNA 表达量显著升高（$P<0.01$）；而 PQQ 可以减少这种表达的增加，与单纯电刺激组相比，具有显著性意义（$P<0.01$）。

2.5 讨论

2.5.1 运动性疲劳细胞模型的建立

C2C12 细胞（小鼠骨骼肌肌母细胞系）在培养过程中可以分化，形成骨骼肌细胞，是体外研究骨骼肌细胞功能的首选模型[189-191]。而 45 V、20 ms、5 Hz 强度的电刺激可以模拟在体神经电活动，诱导肌细胞收缩，从而在细胞水平上重现"运动训练"模型，为在体研究提供辅助平台，为探究运动性疲劳机制、探索高效的抗运动性疲劳因子提供全面、有效的研究途径[192]。

为了确定适宜的电刺激时间，建立运动性疲劳的细胞模型，本研究首先在不同的电刺激时间点，对肌管 ROS 含量和培养基 LDH 进行了测定。

ROS 也称氧自由基，包括过氧化氢（H_2O_2）、超氧阴离子（O_2^-）和羟自由基（OH^-）等，是细胞在呼吸代谢过程中的产物。ROS 可以通过修饰核酸、蛋白质和脂质等生物大分子而导致氧化应激，使细胞损伤甚至死亡。长时间大强度剧烈运动过程中，骨骼肌细胞 ROS 产生量急剧上升，机体内 ROS 的清除与 ROS 的产生失去了原先的动态平衡，从而导致细胞损伤，反过来，细胞损伤又会促进 ROS 生成增加，形成恶性循环[193]。已有研究表明，采用 45 V、20 ms、5 Hz 的强度，以电刺激肌管，可以模拟在体骨骼肌收缩运动，引起细胞内 ROS 的大量积累[192]。本研究采用同样的刺激强度，电刺激肌管，结果发现 ROS 生成量迅速增加，且生成量随刺激时间延长，呈双峰趋势，与 Pan 等的研究结果相一致。在本研究中，当恒定强度电刺激肌管 120 min 时，ROS 的生成量达到最大，随后，可能因为细胞已受到一定程度的损伤，收缩功能变得低下，ROS 的产生量迅速下降。

剧烈运动时，ROS 生成过多，会使机体组织和细胞发生损伤。而 LDH 存在于肝、骨骼肌、肾脏等几乎所有组织中，是损伤的重要指标之一[194]。高强度运动后，当细胞或者组织损伤时，LDH 便会迅速释放进胞外的介质中，使培养基或者血液中的 LDH 活性升高。因此，培养基中 LDH 的活性能够反映细胞的受损程度。在本研究中，用恒定强度电刺激肌管 120 min 后，培养基中的 LDH 活性急剧增加，进一步表明此时细胞已受到一定程度的损伤，与在体骨骼肌定量负荷运动至疲劳的特征大体相符[195]。

因此，采用 45 V、20 ms、5 Hz 的刺激强度，电刺激骨骼肌细胞 120 min，可以建立骨骼肌细胞收缩功能低下的模型，模拟运动性疲劳，为探讨 PQQ 延缓和消除运动性疲劳的作用及机制提供直观可靠的证据。

2.5.2 PQQ 在运动性疲劳细胞模型中对 ROS 生成及培养基 LDH 的影响

近年来，PQQ 的抗氧化作用已成为研究的热点。研究证明，在细菌中，PQQ 是一种强有力的 ROS 清除剂[196]；在 H_2O_2 诱导大鼠心肌细胞氧化应激的模型中，PQQ 能抑制 ROS 的生成，以减轻细胞毒性作用[197]；在大鼠皮层和海马神经元谷氨酸损伤模型中，PQQ 也能够减少 ROS 的生成，保护细胞免受损伤[198]。而在本研究的运动性疲劳细胞模型中，PQQ 同样能够显著抑制肌管 ROS 的积累，降低培养基 LDH 的活性，减少 ROS 对肌管造成的损伤。

2.5.3 PQQ 在运动性疲劳细胞模型中对 NF‑κB 介导的炎症反应的影响

作为 ROS 的敏感信号通路，核转录因子 NF‑κB 信号通路，在氧化和抗氧化平衡中起着关键作用。而 NF‑κB 同时也调节着各种促炎介质的表达，因此，阻断 NF‑κB 转录活性被认为是治疗炎症疾病的重要靶点[199]。研究表明，急性和长期剧烈运动会引起骨骼肌 NF‑κB 的级联反应；Hollander 等报道大鼠骨骼肌在一次长时间运动后 NF‑κB 表达显著升高；Powers 和 Kramer 等分别发现，运动过程中，骨骼肌收缩引起的 ROS 增加，经过信号级联放大，促进了 NF‑κB 的活化；Cuevas 等研究证明专业自行车运动员大强度训练后 NF‑κB 的活性增加；Ji 等也在运动大鼠中观察到核因子 NF‑κB 的显著激活；在体外电刺激肌管实验中，Miyatake 等也证明了肌管收缩会引起 NF‑κB 的过表达。本研究中，用恒定的刺激强度，电刺激分化 6 d 的 C2C12 肌管细胞，与无电刺激的对照组相比，NF‑κB 蛋白表达显著增加；而 125 nmol/L 的 PQQ 孵育后，可以明显改善 NF‑κB 蛋白的这种过表达，表明 PQQ 能够通过抑制 NF‑κB 通路，在运动性疲劳细胞模型中发挥作用。

在体内，NF‑κB 调节着多种细胞信号转导通路，参与了促炎因子 IL‑6、IL‑1β 及趋化因子 CXCL10 等细胞因子的产生[200,201]。研究显示，运动，特别是高强度运动，会激活肌肉中的 NF‑κB，继而增强了 *IL‑6*、*IL‑1β* 及 *CXCL10* 等基因的转录；而 IL‑6、IL‑1β 及 CXCL10 等细胞因子产生和释放的增加，又会再次激活 NF‑κB，形成级联效应，加重肌肉损伤[202]。本研究发现，恒定强度下，电刺激肌管细胞 120 min 后，肌管 *IL‑6*、*IL‑1β* 及 *CXCL10* 基因的 mRNA 表达均显著增加（$P<0.01$），与以往的研究报道一

致[203]。而 PQQ 的预孵育，则可以显著抑制这种表达的增加（$P<0.01$）。因此，结合 ROS 和 NF‐κB 的结果，推测 PQQ 可能通过抑制 ROS 的累积，继而抑制 NF‐κB 的过表达和活化，进而能够很好地控制促炎因子和趋化因子的产生。

2.5.4　PQQ 在运动性疲劳细胞模型中对 Caspase‐3mRNA 表达的影响

除了介导免疫、炎性介质表达外，转录因子 NF‐κB 以 ROS 作为信号因子，还参与了其他多种生物学过程，如通过调控凋亡基因的表达参与细胞凋亡[204]。研究表明，急性和长时间剧烈运动会诱导骨骼肌细胞发生凋亡，且凋亡可能参与了运动性疲劳的全过程。而 Caspase‐3 被认为是最主要的终末剪切酶，在凋亡过程中起着不可替代的作用[205]。因此，为了初步探讨 PQQ 对电刺激肌管细胞凋亡的影响，本研究检测了 Caspase‐3 的 mRNA 表达。结果发现，电刺激 120 min 后，骨骼肌细胞 Caspase‐3 表达量显著升高（$P<0.01$），而 PQQ 能够减少这种表达的增加（$P<0.01$），表明 PQQ 可能通过抑制 NF‐κB 的过表达和活化，从而抑制凋亡相关基因的过表达，在运动性疲劳细胞模型中发挥作用。

2.6　小结

本研究利用电刺激肌管建立运动性疲劳的细胞模型，首次发现 PQQ 在体外运动性疲劳模型中发挥一定的保护作用。其保护作用与 PQQ 抑制 ROS 的生成、降低培养基 LDH 活性相关；同时，PQQ 也能够抑制 NF‐κB 蛋白、促炎因子、趋化因子及凋亡相关因子的过表达。该结果初步显示了 PQQ 在抗氧化、抗炎等方面具有较好的作用，提示 PQQ 能够延缓和消除运动性疲劳，为进一步将其应用于体内研究奠定了良好的基础。

3 PQQ 对力竭小鼠的保护作用

3.1 引言

前期体外实验的结果表明，PQQ 对电刺激诱导的肌管氧化应激具有保护作用，能够减少 ROS 的生成，减轻细胞损伤，抑制转录因子 NF‑κB 的表达，降低促炎因子 IL‑6、IL‑1β、趋化因子 CXCL10 等细胞因子以及凋亡相关因子的转录。然而，PQQ 是否能够在氧化应激介导的运动性疲劳中发挥作用，且是否与 NF‑κB 通路、炎症因子及凋亡的调控有关，目前尚未见报道，仍需要进一步验证。

因此，本研究拟通过反复力竭游泳方式，建立运动性疲劳的动物模型，观察 PQQ 对小鼠力竭时间、抗氧化生化指标、血清炎症因子的释放及组织细胞损伤的影响，并检测心肌与肝组织 NF‑κB 活化和细胞因子、凋亡相关因子 Bcl‑2、Bax 及 Caspase‑3 的过表达情况，研究 PQQ 在体内的抗运动性疲劳、抗氧化应激、抗组织损伤、抗 NF‑κB 介导的炎症反应等作用效果，为研制具有延缓运动性疲劳和提高运动能力作用的 PQQ 类制剂提供科学依据。

3.2 实验材料

3.2.1 实验动物

SPF 级昆明小鼠 45 只，7 周龄，购于上海斯莱克实验动物有限责任公司，动物许可证号：SCXK（沪）2012‑0002；合格证编号：2015000528350。按国家级标准分笼饲养，每笼 5 只，相对湿度 45％～55％，室温（22±2）℃，自由进食饮水，每天 12 h 光照，动物使用许可证号：SYXK（闽）2015‑0004。

3.2.2 主要试剂

主要试剂见表 3‑1。

表 3-1　主要试剂

主要试剂
PQQ
DEPC 水
Trizol reagent
甲醇（HPLC 级别）
氯化钾
异丙醇
氯仿
PrimeScript™ RT reagent Kit with gDNA Eraser（Perfect Real Time）
RIPA 细胞裂解液
PMSF 蛋白抑制剂
BCA 试剂盒
SYBR® Premix DimerEraser™（Perfect Real Time）
SYBR® Premix Ex Taq Ⅱ（TliRNaseH Plus），ROX Plus
血清健康盘片
小鼠 cTn Ⅰ ELISA 试剂盒
小鼠 IL-1β ELISA 试剂盒
小鼠 TNF-α ELISA 试剂盒
NaCl（氯化钠）
NaH_2PO_4
脱脂奶粉
碳酸氢钠
丙二醛（MDA）测定试剂盒（TAB 法）
肌酸激酶（CK）测定试剂盒
SOD 测定试剂盒（WST-1）
谷胱甘肽过氧化物酶（GSH-Px）
测定试剂盒（比色法）
乳酸脱氢酶（LDH）试剂盒
PageRuler™ Prestained Protein Ladder，10 to 180 ku
TEMED（N，N，N'，N'-四甲基乙二胺）
Tween-20
Glycine
Tris
GAPDH Mouse mAb（2B 8）
p-NF-κB（p65）和 NF-κB（p65）mAb
伊红染液
苏木精染液

3.2.3 主要仪器设备

主要仪器设备见表 3-2。

表 3-2 主要仪器

主要仪器
超纯水系统
手动单道可调移液器（1 mL、20～200 μL、10 μL、2 μL）
生物安全柜
-80 ℃超低温冰箱
液氮储存箱
灌胃针
实时荧光定量 PCR 仪
立式压力蒸汽灭菌器
制冰机
酶标仪
超微量紫外分光光度计
Millipore 纯水仪
全自动生化测试仪
PCR 仪
水平脱色摇床
垂直电泳仪
半干电转印系统
槽式电转印系统
双色红外激光成像仪
多功能荧光发光凝胶成像仪
电子天平
台式高速冷冻离心机
倒置显微镜（照相系统）
精密天平
加热磁力搅拌器
KD-BMⅡ电脑生物组织包埋机
高速立式离心机
电动吸液器

（续）

主要仪器
KD－P 石蜡摊片机
电热恒温鼓风干燥箱
双层恒温培养振荡器
8 孔道电动移液器（20 μL、20～200 μL）
pH 计
超级恒温水槽
生物超净工作台
掌式离心机
KD－P 制蜡机
中型台式离心机
78－1 磁力加热搅拌器
Leica 石蜡切片机

3.2.4　主要溶液的配制

① PQQ　用超纯水配制成 2 μmol/L 浓度的储存液，分装，－20 ℃保存，临用前稀释成所需浓度。

② 0.01 mol/L PBS　KCl 0.20 g，NaCl 8.00 g，KH_2PO_4 0.24 g，$Na_2HPO_4 \cdot 12H_2O$ 2.9 g，pH 调至 7.2，加双蒸水定容至 1 L。

③ 1 mol/L Tris－HCl（pH 6.0、6.8、8.0）　121.1 g Tris 加去离子水溶解，调 pH，定容。

④ 30％（W/V）聚丙烯酰胺　290 g 丙烯酰胺溶于双蒸水，定容至 1 L，0.45 μm 滤膜过滤，分装于棕色瓶中，4 ℃保存。

⑤ SDS－PAGE 缓冲液（5×）　Bromophenol blue 25 mg，SDS 0.5 g，1 mol/L Tris－HCl（pH 6.8）1.25 mL，Glycerol 2.5 mL，溶于去离子水，定容至 5 mL，分装，4 ℃保存，使用前每毫升缓冲液加 50 μL2-巯基乙醇（2-ME）。

⑥ 转膜缓冲液（1×Transfer buffer）　甘氨酸 2.9 g，SDS 0.37 g，Tris 5.8 g，溶于双蒸水，加适量甲醇定容至 1 L。

⑦ TBST 溶液（10×）　NaCl 8.8 g，1 mol/L Tris－HCl（pH 8.0）20 mL，溶于 H_2O，加 500 μL Tween-20，定容至 1 L，4 ℃保存。

⑧ 封闭液 TBST 溶液＋55％BSA。

⑨ 4％多聚甲醛 使用前新鲜配制，80 g 多聚甲醛，加双蒸水 800 mL，加热至 65 ℃左右，NaOH 和 HCl 调 pH 至 7.4，定容至 1 L。

3.3 实验方法

3.3.1 动物分组和实验模型的建立

45 只小鼠适应性喂养 1 周，在实验干预前，进行为期 3 d、每天 20 min 的适应性游泳，淘汰不适应游泳的小鼠。剩余 40 只小鼠按体重随机分为五组，每组 8 只，分别为：正常对照组（NC 组）、力竭运动组（E 组）、PQQ 干预组（LE 组、ME 和 HE 组）。LE、ME 和 HE 组每天上午灌胃 PQQ 的剂量分别为 5、10 和 20 mg/kg，NC 和 E 组则灌胃等体积的生理盐水；NC 组不进行运动干预，其余 4 组小鼠每天下午，尾部负自身体重 3％的铅皮，在高 60 cm、直径 55 cm、水深 40 cm、水温（32±2）℃的塑料圆桶内进行力竭游泳运动（每次时间应不少于 2 h）；期间认真观察动物身体状况，发现动作极度异常时，立即捞出水面，吹干皮毛，防止溺水或者生病；补剂和运动干预持续进行了 2 周，6 d/周，中间休息 1 d，记录最后 1 d 的力竭时间。力竭判断的标准为：小鼠连续三次头部下沉持续超过 10 s 不能露出水面，捞出后无力支撑躯体，无法完成翻正反射[206]，见图 3-1。

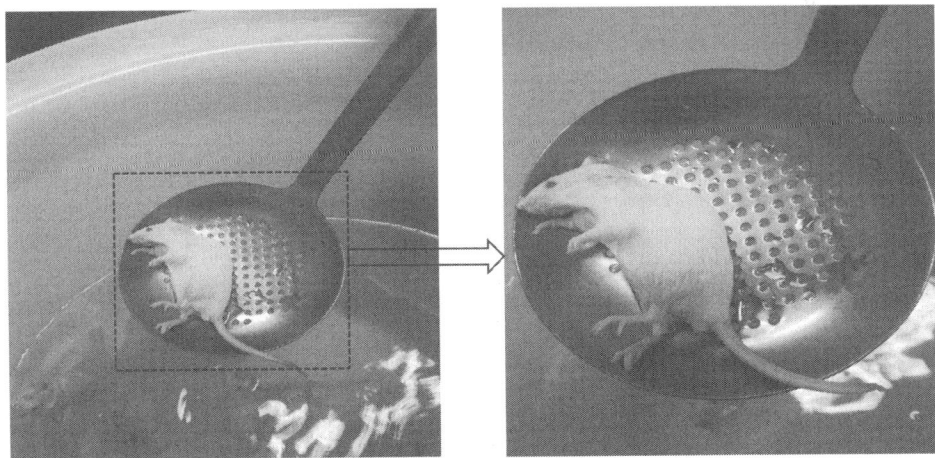

图 3-1 力竭小鼠

补剂和运动干预期间，NC 组灌胃不顺，不慎死亡 1 只；E、ME 和 HE

组力竭游泳时分别溺亡 1 只；因此，实验结束时 LE 组小鼠为 8 只，其余组分别为 7 只。

3.3.2 取材

小鼠最后一次力竭，即刻麻醉，眼眶取血，室温静置 20 min，3 000 r/min，4 ℃离心 20 min，取上清液，分装，－80 ℃保存，待用。

取血后，经 DEPC 水配制的生理盐水灌注后，将所需的组织（心肌、肝组织和腓肠肌）取出，滤纸吸干，一部分放入 4% 多聚甲醛固定，24 h 后按常规病理组织学方法石蜡包埋，备用；一部分放入 Trizol 中提 RNA，备用；另一部分经液氮速冻后，放入－80 ℃冰箱保存，备用。

NC 组的麻醉取材与其他各组同时进行，处理方法也同其他各组。

3.3.3 血清和组织生化指标的测定

① 血清肌酸激酶（CK）含量的测定　采用血清健康盘片，用全自动生化测试仪检测，按仪器使用说明操作。

② 血清和组织中的 MDA、SOD、GSH－Px 和乳酸脱氢酶（LDH）等生化指标的测定　严格按照试剂盒的说明操作。

A. 依照操作说明书的比例，分别配制空白孔、标准孔、测定孔及对照孔的反应液，并按说明书的温度和时间进行孵育。

B. 依照说明书，使用酶标仪设定波长，测定相应的吸光度。

C. 计算浓度或者酶活性。

3.3.4 血清和组织中炎症因子和心肌组织肌钙蛋白 I（Cardiac troponin I，cTn I）的测定

用酶联免疫法（ELISA）检测血清及组织中炎症因子和心肌组织肌钙蛋白 I 的表达情况，测试严格按照试剂盒的说明操作。

① 进行预实验，摸索样本所需要稀释的倍数。

② 实验前，将试剂盒放置室温至少半小时，使其平衡。

③ 铺板设计，设计空白孔、标准样孔、实验样孔和零孔，每个样品三个复孔。

④ 标准品用标准品稀释液，按逐级稀释法进行稀释，并做好标记。

⑤ 加样，除空白孔外，其余孔加入生物素抗原工作液（使用前配制）。

⑥ 封板膜封闭，37 ℃孵育 1 h。

⑦ 揭去封板膜，弃液，拍干，加满洗涤液，洗板 5 次，拍干。

⑧ 除空白孔外，其余孔加入亲和素-HRP 工作液（使用前配制，避光保存）。

⑨ 封板膜封闭，37 ℃孵育 1 h。

⑩ 揭去封板膜，弃液，拍干，加满洗涤液，洗板 5 次，拍干。

⑪ 加入显色剂 A，再加入显色剂 B，混匀，37 ℃，避光显色 10 min。

⑫ 加入终止液，终止反应。

⑬ 空白孔调零，450 nm 测量吸光度值。

⑭ 使用 ELISAcalc 计算结果。

3.3.5 石蜡切片的制备及染色

① 组织经 4％多聚甲醛固定后，按常规病理组织学方法进行石蜡包埋。

A. 脱水　50％、70％、80％、90％、95％至 100％乙醇，依次各脱水 30 min。

B. 透明　二甲苯＋100％乙醇（1∶1），20 min；二甲苯Ⅰ，20 min；二甲苯Ⅱ，20 min。

C. 透蜡　二甲苯＋石蜡（1∶1），25 min；石蜡Ⅰ，90 min；石蜡Ⅱ，烘箱过夜；全过程于 60 ℃烘箱放置。

D. 石蜡包埋，常温保存，备用。

E. 切片，厚度为 4 μm；展片，粘片，烤片；常温保存，备用；

② 苏木精-伊红（Hematoxylin - erosin，HE）染色

A. 苏木精染色 5 min，流水冲洗。

B. 1％盐酸乙醇处理 5 s。

C. PBS 返蓝 20 s。

D. 流水冲洗。

E. 伊红染色 30 s。

F. 脱水，80％、95％和 100％乙醇酒精依次处理 5 s。

G. 透明，二甲苯Ⅰ，二甲苯Ⅱ各处理 5 s。

H. 中性树胶封片，拍照。

3.3.6 组织细胞因子和凋亡相关基因 mRNA 表达水平的检测

（1）总 RNA 的提取

将需要的小块组织加入 Trizol，冰上研磨，加入氯仿充分混匀，静置分

层，4 ℃ 12 000 r/min 离心，弃上清，加入 75％乙醇，4 ℃ 7 500 r/min 离心，弃上清，晾干，DEPC 水溶解，测定光吸收值，分析计算总 RNA 样品的浓度和纯度。

（2）反转录反应

按表 3-3 反应体系，冰上配制反应混合液，然后置于 PCR 仪，42 ℃反应 2 min 去除基因组 DNA；再按表 3-4 反应体系，冰上配制反应混合液，置于 PCR 仪，37 ℃反应 15 min，85 ℃反应 5 s，反转录成 cDNA，4 ℃保存，备用。

表 3-3　去除基因组 DNA 反应体系

试剂	体积
5×gDNA eraser buffer	2 μL
Total RNA	1 μL
gDNA eraser	1 μL
RNase free distilled H$_2$O	加至总体积为 10 μL

表 3-4　反转录体系

试剂	体积
去除基因组 DNA 的总 RNA 反应液	10 μL
RT Primer mix	1 μL
5×PrimeScript buffer2	4.0 μL
PrimeScript RT enzyme mix I	1 μL
RNase free distilled H$_2$O	加至总体积为 20 μL

（3）引物设计

根据 GenBank 的全长序列，用 Primer5 设计，GenBank BLAST 进行同源比对，由上海生工与上海通用生物公司合成，引物序列见表 3-5。

表 3-5　Real-time PCR 引物序列

引物	序列
β-actin-F	CCAGAGCTGAACGGGAAGCTCAC
β-actin-R	CCATGTAGGCCATGAGGTCCACC
IL-6-F	TAGTCCTTCCTACCCCAATTTCC
IL-6-R	CCTCTCGGCAGTGGATAAAG
IL-1β-F	AGGACAGGATGAACTTTGAC

（续）

引物	序列
IL-1β-R	TGATAGACATTAGCCAGGAG
CXCL10-F	GTGGCATTCAAGGAGTACCTC
CXCL10-R	TGATGGCCTTCGATTCTGGATT
Bcl-2-F	TAGTCCTTCCTACCCCAATTTCC
Bcl-2-R	CCTCTCGGCAGTGGATAAAG
Caspase3-F	AGGACAGGATGAACTTTGAC
Caspase3-R	TGATAGACATTAGCCAGGAG
Bax-F	GTGGCATTCAAGGAGTACCTC
Bax-R	TGATGGCCTTCGATTCTGGATT

（4）实时荧光定量 PCR

反应体系如表 3-6 所示，反应程序为 95 ℃预变性 30 s；95 ℃变性 5 s，55 ℃退火 30 s，72 ℃延伸 30 s，共 40 个循环；95 ℃ 15 s，72～90 ℃，0.1 ℃/循环递增，分析熔解曲线。以 β-actin 为内参，通过 $2^{-\Delta\Delta Ct}$ 法算出样品中基因的相对表达水平。

表 3-6 实时荧光定量 PCR 反应体系

试剂	体积
Forward primer（10 μmol/L）	0.4 μL
Reverse primer（10 μmol/L）	0.4 μL
SYBR® Premix Ex Taq Ⅱ（Tli RNaseH Plus），ROX Plus	10 μL
cDNA 溶液（30 ng/μL）	3 μL
双蒸水	加至总体积为 20 μL

3.3.7 Western blot 检测组织中 NF-κB、p-NF-κB 的蛋白表达

（1）提取总蛋白

称取组织 30 mg，预冷的生理盐水漂洗，吸干，剪碎；加入 270 μL 预冷的生理盐水，冰上研磨；4 ℃，3 000 r/min，离心 15 min；取上清，分装，做好标记，4 ℃保存，备用。

（2）测定总蛋白浓度

① 配制牛血清蛋白（BSA）标准品　称取 BSA，充分溶解于 PBS 或者蛋白标准配制液中，配成 1 mg/mL 标准液。

② 制作标准品浓度梯度　分别将 20、18、16、12、10、8、4、2、0 μL BSA 标准品（1 mg/mL）加入 96 孔板中，加 PBS 至总体系 20 μL，因此 BSA 含量分别为 20、18、16、12、10、8、4、2、0 μg。

③ 取 1 μL 待测蛋白样品，加 PBS 至总体系 20 μL，每个样品 3 个复孔。

④ BCA 试剂 A 液/BCA 试剂 B 液按 50∶1 比例配制工作液，混匀，每孔中各加入 200 μL，37 ℃，避光反应 30 min。

⑤ 将 96 孔板放置于多功能酶标仪，波长 562 nm 测定各孔吸光度值（OD 值），然后绘制标准曲线，再根据曲线方程，计算待测样品蛋白浓度。

（3）制备上样液

根据样品蛋白浓度，计算蛋白体积，上样总蛋白量为 40 μg，然后加 PBS 将样品补至相同体系；接着加入 5×上样缓冲液，反复吹打，混合均匀；再放置 PCR 仪，95 ℃反应 10 min，使蛋白变性；最后离心，−80 ℃保存，备用。

（4）SDS−PAGE 电泳

① 将 Western blot 玻璃板和梳子严格清洗干净，然后放置烘箱烘干，备用。

② 将玻璃板夹紧，安装到配胶架上。

③ 配胶　按表 3−7 体系所示先配制分离胶；将分离胶加入夹紧在胶架上的两块玻璃板间，加入异丙醇，静置约 30 min；滤纸吸干异丙醇，并用双蒸水小心冲洗，吸干；然后按表 3−8 体系配制浓缩胶；将配好的浓缩胶混匀，加至玻璃板分离胶上，插入梳子，静置 30 min。

表 3−7　分离胶配制体系

试剂	体积
双蒸水	2 mL
30%丙烯酰胺	1.7 mL
1.5 mol/L Tris−HCl（pH 8.8）	1.3 mL
10%SDS	50 μL
10%APS	50 μL
TMEMD	2 μL

表 3 - 8　浓缩胶配制体系

试剂	体积
双蒸水	1.4 mL
30%丙烯酰胺	155 μL
1.5 mol/L Tris - HCl (pH 6.8)	125 μL
10%SDS	10 μL
10% APS	10 μL
TMEMD	1 μL

④ 电泳　浓缩胶凝固后,小心拔出梳子,将胶板放置电泳槽内,加入缓冲液,加样,上样总蛋白量为 40 μg,同时,上样蛋白 Marker;然后 80~90 V 恒压电泳约 20 min 后,调节电压为 120 V,继续电泳至染料到达凝胶底部。

(5) 转膜

① 电泳结束后,切下含有目的蛋白和内参蛋白的凝胶。

② 根据切下的凝胶大小,裁剪好滤纸和 PVDF 膜。

③ 将 PVDF 膜放置甲醇中活化 15 s,然后将滤纸、PVDF 膜和切下的凝胶放置转膜缓冲液中浸泡 10 min。

④ 铺好 3 层滤纸,赶走气泡;然后铺上切下的凝胶,赶走气泡;再将 PVDF 膜铺在凝胶上方,接着铺上 3 层滤纸,赶走气泡(整个过程为避免胶干燥,应不断加入电转缓冲液);然后将靠近膜的面对准白板,靠近胶的面对准黑板装配好;110 V,恒流,湿转 70 min。

(6) 洗膜

电转结束后,用镊子轻轻夹起转好的膜,膜的蛋白面朝上,TBST 漂洗 3 次,每次约 10 min。

(7) 封闭反应

将 PVDF 膜放置于 10%脱脂奶粉中,摇床上封闭 1 h。

(8) 抗体孵育

① 一抗孵育　按抗体说明书的比例配制一抗,将 PVDF 膜整个放置于一抗中,4 ℃,摇床上孵育过夜,GAPDH 作为内参。

② 第 2 天,回收一抗,TBST 洗膜 3 次,每次大约 10 min。

③ 二抗孵育:加入相应的荧光二抗,室温,摇床上孵育 2 h。

④ TBST 洗膜 3 次,每次大约 10 min。

(9) 成像和分析

将 PVDF 膜放置于双色红外激光成像仪,扫描成像,分析目的蛋白条带。

3.3.8 统计与分析

使用 IBM SPSS Statistics 22 进行数据统计，单因素方差分析组间差异；计算结果以"均数±标准差"表示；$P<0.01$，差异非常显著；$P<0.05$，差异显著，具有统计学意义；作图使用 Graphpad prism6 软件；Western 灰度计算用 Image‐Pro Plus 6.0 软件。

3.4　结果与分析

3.4.1　PQQ 对小鼠力竭时间（Time to exhaustion，TTE）的影响

补剂和力竭运动持续干预 2 周后，通过检测最后 1 d 游泳的力竭时间，评价小鼠的运动能力及 PQQ 的抗疲劳作用。结果如图 3‐2 所示，E 组、LE 组、ME 组和 HE 组最后 1 d 的 TTE 分别为（89.43±34.16）min、（142.25±45.77）min、（144.00±47.09）min 及（136.71±64.09）min。与日常没有补充 PQQ 的力竭游泳 E 组相比，每天分别补充 5、10 和 20 mg/kg PQQ 的 LE、ME 和 HE 组小鼠，TTE 明显较长。

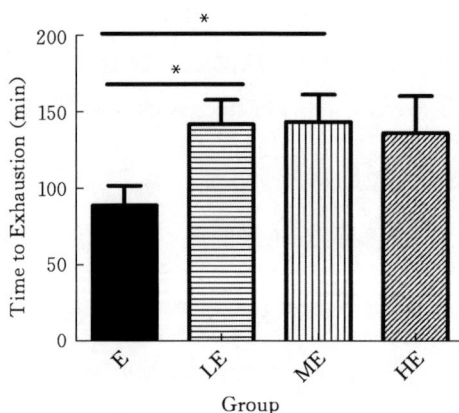

图 3‐2　PQQ 对小鼠力竭时间的影响

E：力竭游泳组；LE、ME 和 HE：力竭游泳＋5、10 和 20 mg/kg PQQ 干预组；＊：$P<0.05$，与 E 组相比。

3.4.2　PQQ 对小鼠血清 MDA 浓度、CK 及 LDH 活力水平的影响

为了验证 PQQ 对力竭小鼠细胞损伤的作用，本研究检测了各组小鼠血清 MDA 浓度、CK 及 LDH 活力水平。由图 3‐3 可知，与正常无力竭游泳干预

的 NC 组相比，力竭游泳的 E 组血清生化指标 MDA 浓度、CK 和 LDH 活力水平皆显著上升，分别上升至 12.75 nmol/mL（$P<0.01$）、1 884.43 U/L（$P<0.05$）和 5 241.96 U/L（$P<0.05$）；而与 E 组相比，每天补充 PQQ 营养素的各组小鼠，血清 MDA 浓度、CK 和 LDH 活力水平则均显著降低（$P<0.05$）；特别是每天补充 10 mg/kg PQQ 的 ME 组，与 E 组相比，血清 MDA 浓度和 CK 活力水平分别下降了 36.55％（$P<0.01$）和 32.64％（$P<0.05$）。

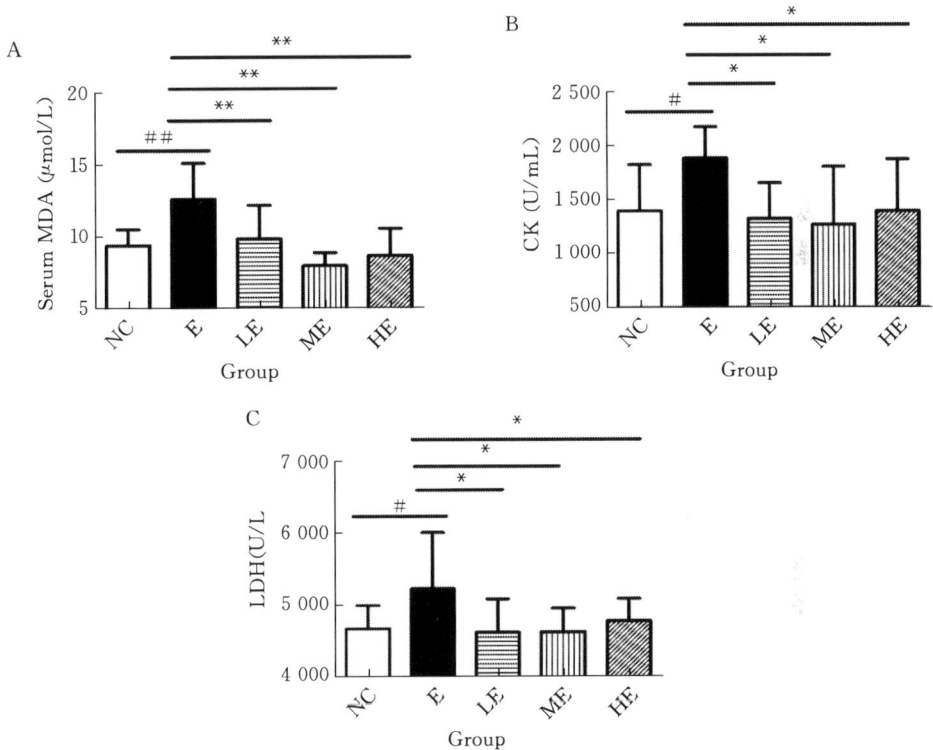

图 3-3　PQQ 对小鼠血清 MDA、CK 及 LDH 活力水平的影响

NC：正常无干预组；E：力竭游泳组；LE、ME 和 HE：力竭游泳＋5、10 和 20 mg/kg PQQ 干预组；＃：$P<0.05$，＃＃：$P<0.01$，与 NC 组相比；＊：$P<0.05$，＊＊：$P<0.01$，与 E 组相比。

3.4.3　PQQ 对小鼠血清炎症因子 TNF‑α 和 IL‑1β 的影响

采用 ELISA 方法检测小鼠血清炎症因子 TNF‑α 和 IL‑1β 的释放情况。结果如图 3-4 所示，力竭游泳的 E 组血清 TNF‑α 和 IL‑1β 均极显著高于 NC 组（$P<0.01$）；而补充 PQQ 营养素的 LE 组、ME 组和 HE 组血清 TNF‑α 和 IL‑1β 均显著低于未补充 PQQ 的 E 组（$P<0.05$）。

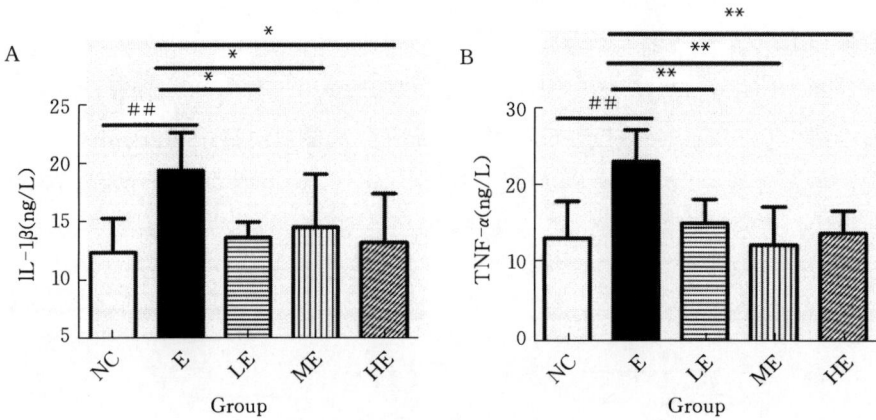

图 3-4　PQQ 对小鼠血清 TNF-α 和 IL-1β 的影响

NC：正常无干预组；E：力竭游泳组；LE、ME 和 HE：力竭游泳+5、10 和 20 mg/kg PQQ 干预组；##：$P<0.01$，与 NC 组相比；*：$P<0.05$，**：$P<0.01$，与 E 组相比。

3.4.4　PQQ 对小鼠血清 cTnⅠ的影响

血清 cTnⅠ在临床上是判断心肌损伤程度的重要指标。本研究中，ELISA 检测结果显示（图 3-5），与正常无力竭运动干预的 NC 组相比，E 组血清 cTnⅠ含量明显升高（$P<0.05$）；而相对于日常没有喂养 PQQ 的 E 组，LE 组、ME 组和 HE 组在补充了 PQQ 后，可以明显抑制力竭运动引起的血清 cTnⅠ含量的增加；特别是 LE 组和 ME 组，相对于 E 组，血清 cTnⅠ含量分别降低了 19.15% 和 21.64%（$P<0.05$）。

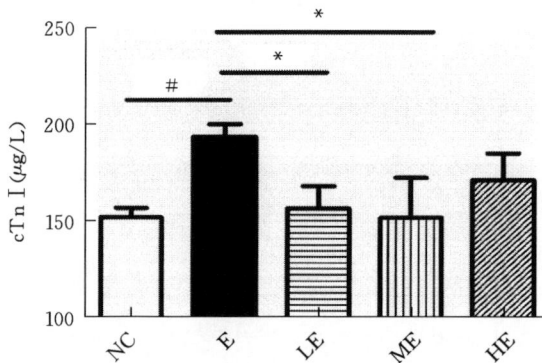

图 3-5　PQQ 对小鼠血清 cTnⅠ的影响

NC：正常无干预组；E：力竭游泳组；LE、ME 和 HE：力竭游泳+5、10 和 20 mg/kg PQQ 干预组；#：$P<0.05$，与 NC 组相比；*：$P<0.05$，与 E 组相比。

3.4.5 PQQ 对肝组织形态的影响

肝组织 HE 染色的结果显示（图 3 - 6），NC 对照组小鼠肝小叶结构正常，肝索清晰可见，肝细胞完好，核大，呈圆形；而力竭运动 E 组，肝小叶轮廓改变，肝窦变窄或者消失，肝细胞肿胀明显，呈空泡状，细胞质疏松不均，核皱缩，呈病理性变化；而补充 PQQ 营养素的 LE、ME 和 HE 组，肝组织形态较 E 组则明显改善，其中，每天补充 10 mg/kg 剂量 PQQ 的 ME 组效果最显著，其肝组织形态接近于正常 NC 组。

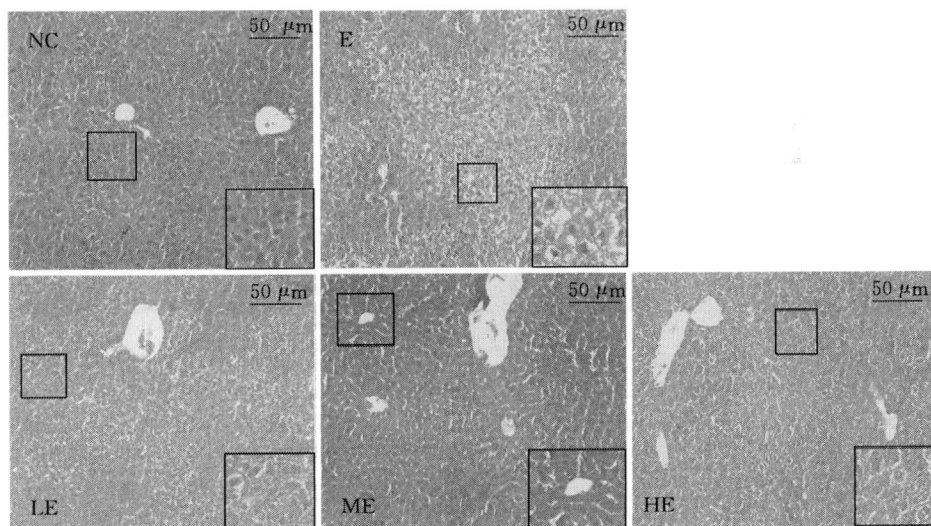

图 3 - 6 PQQ 对小鼠肝组织形态的影响

NC：正常无干预组；E：力竭游泳组；LE、ME 和 HE：力竭游泳＋5、10 和 20 mg/kg PQQ 干预组。

3.4.6 PQQ 对骨骼肌、心肌和肝组织 GSH - Px、SOD 活力及 MDA 水平的影响

为了进一步验证 PQQ 在运动性疲劳的抗氧化作用，检测了骨骼肌、心肌和肝组织 GSH - Px、SOD 活力及 MDA 水平。结果如图 3 - 7、图 3 - 8 和图 3 - 9 所示。

可以看出，与 NC 组相比，E 组在 2 周的力竭运动干预后，骨骼肌、心肌和肝组织的 GSH - Px 及 SOD 活力均显著下降，与之相对应，MDA 含量显著上升；而与 E 组相比，补充 PQQ 营养素的各组小鼠心肌和肝组织的 GSH - Px 及 SOD 活力则显著上升，MDA 含量显著下降；特别是在 ME 组中，骨骼肌的 SOD 活力是 E 组的 1.76 倍（$P < 0.01$），心肌的 GSH - Px 及 SOD 活力

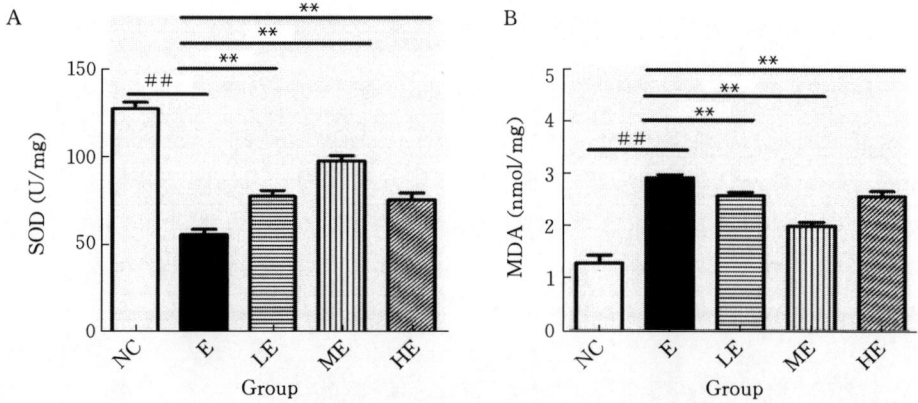

图 3-7　PQQ 对小鼠骨骼肌 SOD 活力及 MDA 浓度的影响

　　A：骨骼肌 SOD 活力测试；B：骨骼肌 MDA 水平测试；NC：正常无干预组；E：力竭游泳组；LE、ME 和 HE：力竭游泳＋5、10 和 20 mg/kg PQQ 干预组；#：$P<0.05$，##：$P<0.01$，与 NC 组相比；＊：$P<0.05$，＊＊：$P<0.01$，与 E 组相比。

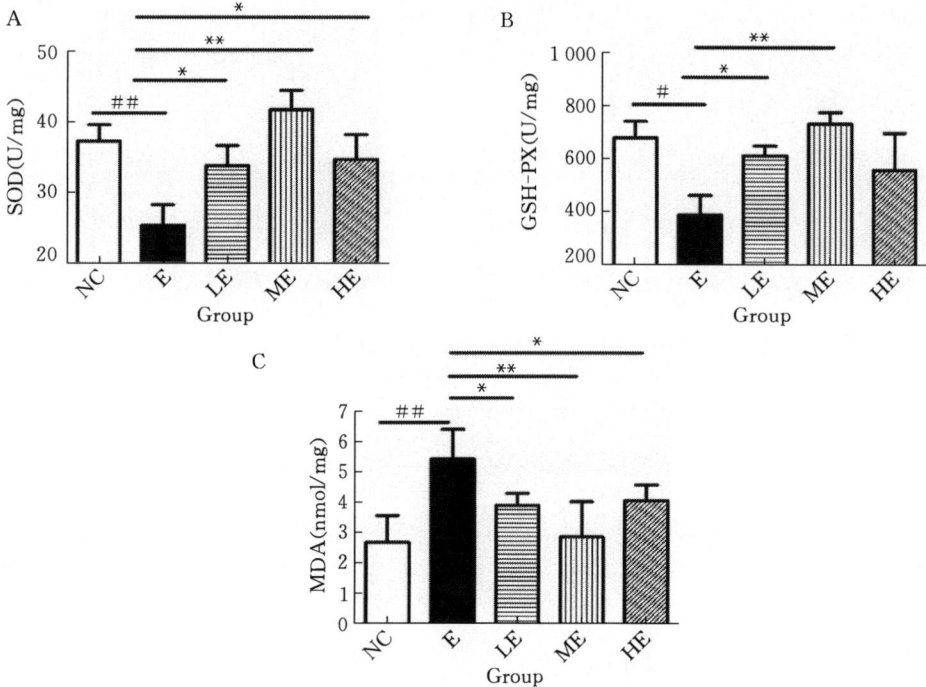

图 3-8　PQQ 对小鼠心肌 GSH-Px、SOD 活力及 MDA 水平的影响

　　A：心肌 SOD 活力测试；B：心肌 GSH-Px 活力测试；C：心肌 MDA 水平的测试；NC：正常无干预组；E：力竭游泳组；LE、ME 和 HE：力竭游泳＋5、10 和 20 mg/kg PQQ 干预组；#：$P<0.05$，##：$P<0.01$，与 NC 组相比；＊：$P<0.05$，＊＊：$P<0.01$，与 E 组相比。

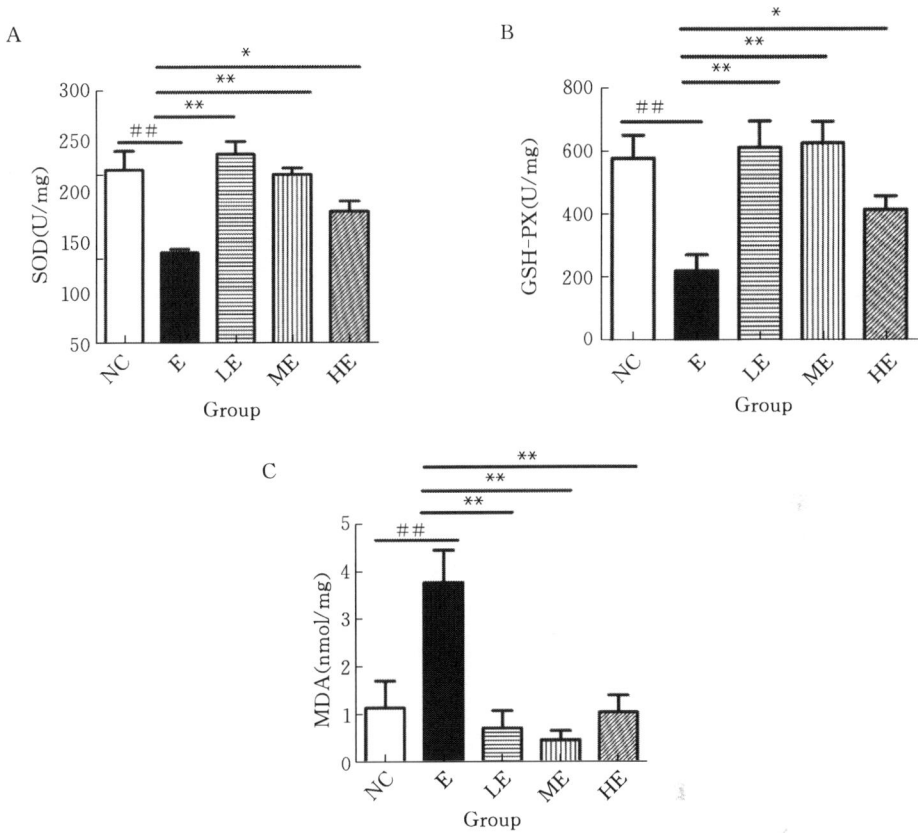

图 3-9 PQQ 对小鼠肝组织 SOD 和 GSH-Px 活力及 MDA 的影响

A～C：肝组织 SOD、GSH-Px 活力及 MDA 水平的测试；NC：正常无干预组；E：力竭游泳组；LE、ME 和 HE：力竭游泳＋5、10 和 20 mg/kg PQQ 干预组；＃：$P<0.05$，＃＃：$P<0.01$，与NC组相比；＊：$P<0.05$，＊＊：$P<0.01$，与 E 组相比。

分别是 E 组的 1.88 倍和 1.64 倍（$P<0.01$），肝组织的 GSH-Px 及 SOD 活力分别是 E 组的 2.79 倍和 1.55 倍（$P<0.01$），骨骼肌、心肌和肝组织 MDA 则分别降为 E 组的 68%、52% 和 12%（$P<0.01$）。

3.4.7 PQQ 对小鼠骨骼肌、心肌和肝组织 NF-κB（p65）和 p-NF-κB（p65）表达的影响

Western blot 结果（图 3-10、图 3-11 和图 3-12）显示，PQQ 对小鼠骨骼肌、心肌和肝组织 NF-κB（p65）的蛋白表达及磷酸化皆具有非常显著的影响。

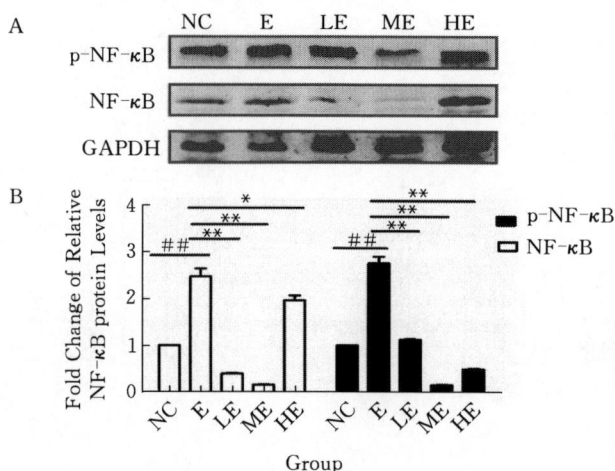

图 3-10　PQQ 对骨骼肌 NF-κB（p65）和 p-NF-κB（p65）表达的影响

　　A：Western blot 检测 NF-κB（p65）和 p-NF-κB（p65）的蛋白表达；B：NF-κB（p65）和 p-NF-κB（p65）的蛋白表达水平分析；NC：正常无干预组；E：力竭游泳组；LE、ME 和 HE：力竭游泳+5、10 和 20 mg/kg PQQ 干预组；♯：$P<0.05$，♯♯：$P<0.01$，与 NC 组相比；*：$P<0.05$，**：$P<0.01$，与 E 组相比。

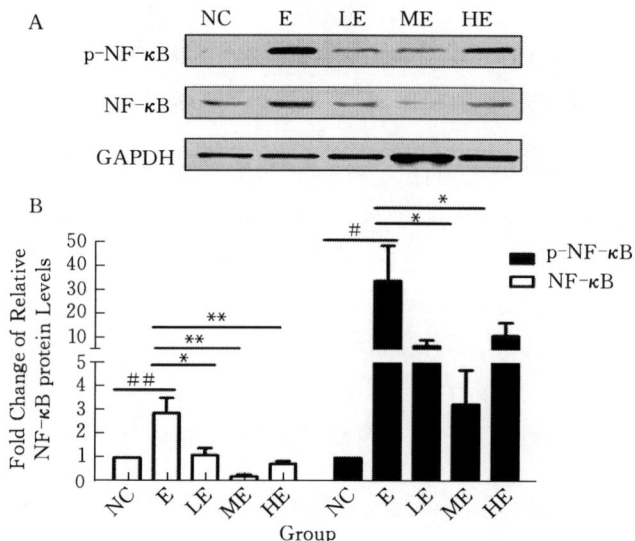

图 3-11　PQQ 对心肌 NF-κB（p65）和 p-NF-κB（p65）表达的影响

　　A：Western blot 检测 NF-κB（p65）和 p-NF-κB（p65）的蛋白表达；B：NF-κB（p65）和 p-NF-κB（p65）的蛋白表达水平分析；NC：正常无干预组；E：力竭游泳组；LE、ME 和 HE：力竭游泳+5、10 和 20 mg/kg PQQ 干预组；♯：$P<0.05$，♯♯：$P<0.01$，与 NC 组相比；*：$P<0.05$，**：$P<0.01$，与 E 组相比。

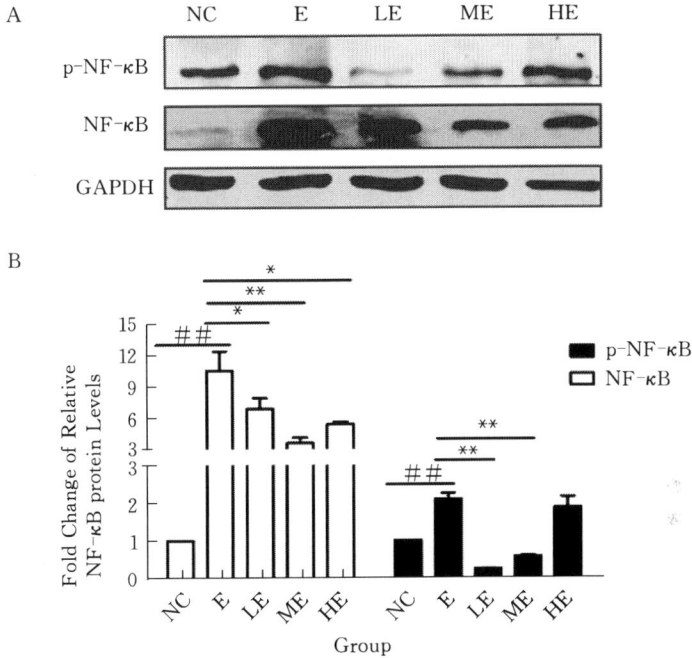

图 3-12　PQQ 对肝组织 NF-κB（p65）和 p-NF-κB（p65）表达的影响

A：Western blot 检测 NF-κB（p65）和 p-NF-κB（p65）的蛋白表达；B：NF-κB（p65）和 p-NF-κB（p65）的蛋白表达水平分析；NC：正常无干预组；E：力竭游泳组；LE、ME 和 HE：力竭游泳+5、10 和 20 mg/kg PQQ 干预组；＃＃：$P<0.01$，与 NC 组相比；＊：$P<0.05$，＊＊：$P<0.01$，与 E 组相比。

结果表明，力竭运动使 E 组心肌和肝组织中 NF-κB（p65）蛋白表达及活化程度均明显高于 NC 组；而补充 PQQ 后，LE 组、ME 组和 HE 组，特别是 ME 组，心肌和肝组织中 NF-κB（p65）蛋白表达及磷酸化程度则显著低于没有喂养 PQQ 的 E 组。

3.4.8　PQQ 对小鼠骨骼肌、心肌和肝组织细胞因子 mRNA 水平的影响

由图 3-13、图 3-14 和图 3-15 可知，E 组在力竭运动干预后，骨骼肌、心肌和肝组织中促炎因子 TNF-α、IL-1β、IL-6 及趋化因子 CXCL-10 的 mRNA 水平皆高于没有运动干预的 NC 组，且均具有统计学意义（$P<0.01$）；而 LE 组、ME 组和 HE 组，特别是 ME 组，因为日常喂养了 PQQ 营养素，骨骼肌、心肌和肝组织中 TNF-α、IL-1β、IL-6 及 CXCL-10 的 mRNA 水平则非常显著地低于未补充 PQQ 的 E 组（$P<0.01$）。

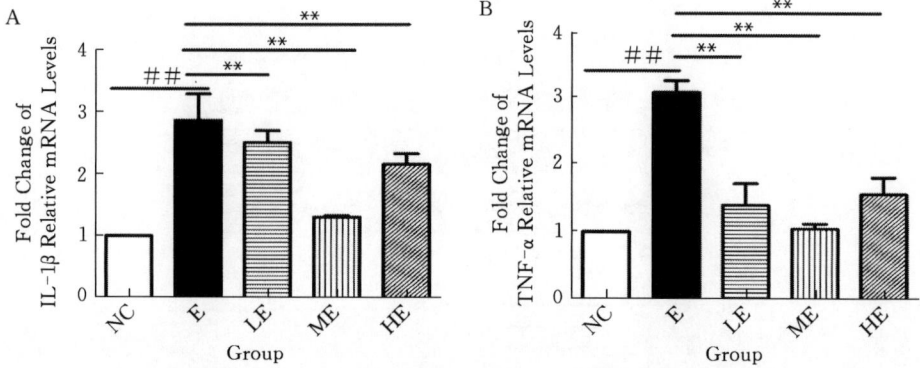

图 3-13　PQQ 对小鼠骨骼肌细胞因子 mRNA 水平的影响

A：IL-1β 的 mRNA 水平；B：TNF-α 的 mRNA 水平；NC：正常无干预组；E：力竭游泳组；LE、ME 和 HE：力竭游泳＋5、10 和 20 mg/kg PQQ 干预组；#：$P<0.05$，##：$P<0.01$，与 NC 组相比；*：$P<0.05$，**：$P<0.01$，与 E 组相比。

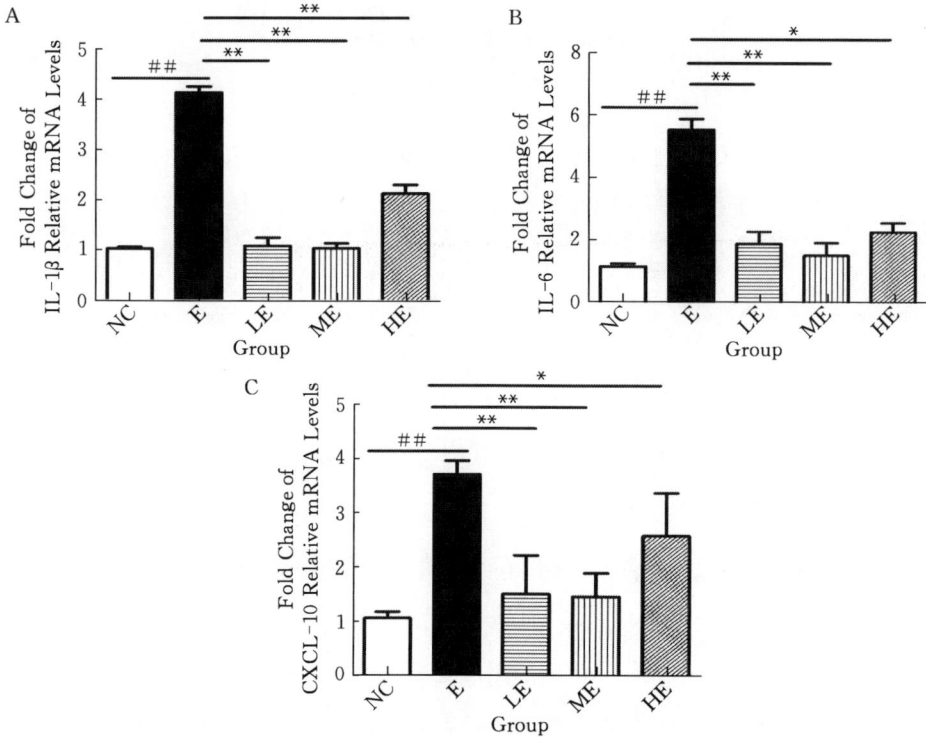

图 3-14　PQQ 对小鼠心肌细胞因子 mRNA 水平的影响

A：IL-1β 的 mRNA 水平；B：IL-6 的 mRNA 水平；C：趋化因子 CXCL-10 的 mRNA 水平；NC：正常无干预组；E：力竭游泳组；LE、ME 和 HE：力竭游泳＋5、10 和 20 mg/kg PQQ 干预组；#：$P<0.05$，##：$P<0.01$，与 NC 组相比；*：$P<0.05$，**：$P<0.01$，与 E 组相比。

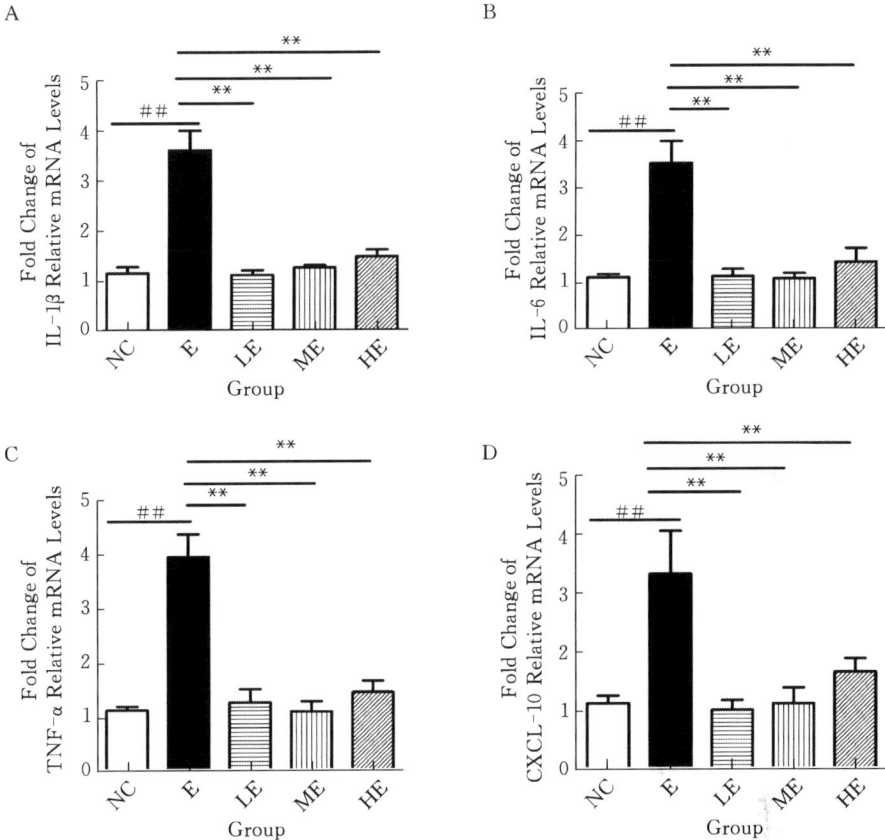

图 3-15 PQQ 对小鼠肝组织细胞因子 mRNA 水平的影响

A：IL-1β 的 mRNA 水平；B：IL-6 的 mRNA 水平；C：TNF-α 的 mRNA 水平；D：趋化因子 CXCL-10 的 mRNA 水平；NC：正常无干预组；E：力竭游泳组；LE、ME 和 HE：力竭游泳+5、10 和 20 mg/kg PQQ 干预组；＃＃：$P<0.01$，与 NC 组相比；＊＊：$P<0.01$，与 E 组相比。

3.4.9 PQQ 对小鼠心肌凋亡相关基因蛋白表达的影响

Western blot 结果（图 3-16 和图 3-17）显示，PQQ 对小鼠心肌凋亡相关基因蛋白表达皆具有非常显著的影响。与正常组小鼠相比，力竭组心肌 Bax、Bax/Bcl-2 和 Caspase-3 的蛋白表达水平均显著上调，Bcl-2 蛋白表达水平则显著下调；与力竭组相比，补充 PQQ 各组小鼠心肌 Bax、Bax/Bcl-2 和 Caspase-3 的蛋白表达水平均显著下调，Bcl-2 蛋白表达水平则显著上调。

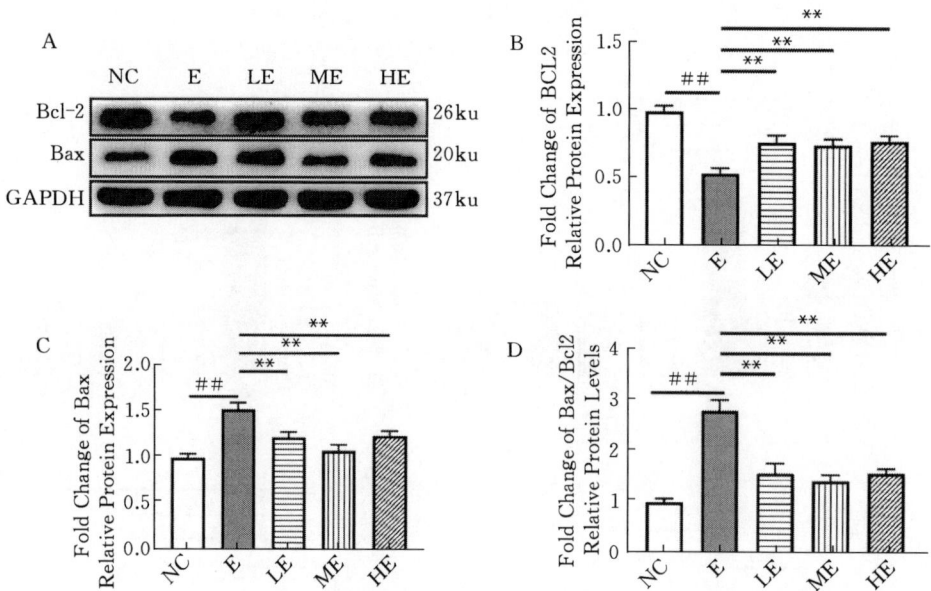

图 3-16　PQQ 对心肌 Bax、Bcl-2 和 Bax/Bcl-2 蛋白表达的影响

A：Western blot 检测 Bax、Bcl-2 和 Bax/Bcl-2 的蛋白表达；B：Bcl-2 的蛋白表达水平分析；C：Bax 的蛋白表达水平分析；D：Bax/Bcl-2 的蛋白表达水平分析；NC：正常无力预组；E：力竭游泳组；LE、ME 和 HE：力竭游泳＋5、10 和 20 mg/kg PQQ 干预组；#：$P<0.05$，##：$P<0.01$，与 NC 组相比；*：$P<0.05$，**：$P<0.01$，与 E 组相比。

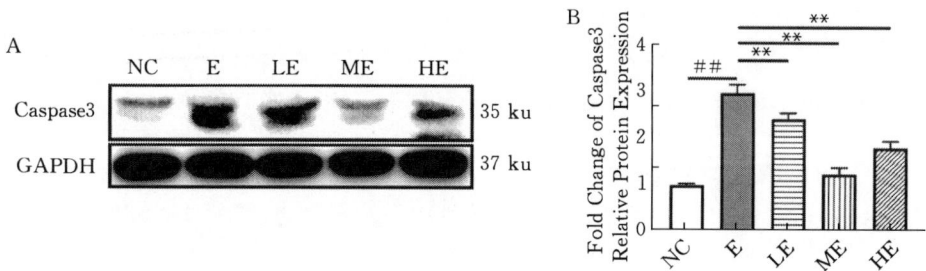

图 3-17　PQQ 对心肌 Caspase-3 蛋白表达的影响

A：Western blot 检测 Caspase-3 的蛋白表达；B：Caspase-3 的蛋白表达水平分析；NC：正常无干预组；E：力竭游泳组；LE、ME 和 HE：力竭游泳＋5、10 和 20 mg/kg PQQ 干预组；#：$P<0.05$，##：$P<0.01$，与 NC 组相比；*：$P<0.05$，**：$P<0.01$，与 E 组相比。

3.4.10　PQQ 对心肌和肝组织中凋亡相关基因 mRNA 水平的影响

抗凋亡基因 *Bcl-2* 和促凋亡基因 *Bax* 之间的平衡决定了细胞的命运。图 3-18 和图 3-19 显示，在正常无力竭干预 NC 组中，小鼠心肌和肝组织中

的 $Bcl\text{-}2$ 和 Bax 两种基因均有表达；进行 2 周力竭干预后，没有补充 PQQ 的 E 组小鼠，心肌和肝组织中的 Bcl-2 mRNA 水平下调，Bax mRNA 水平上调，因而两者比例出现非常显著的下降（$P<0.01$）；而补充了 PQQ 的 LE 组、ME 组和 HE 组，显著逆转了这种比例的下降（$P<0.01$）。

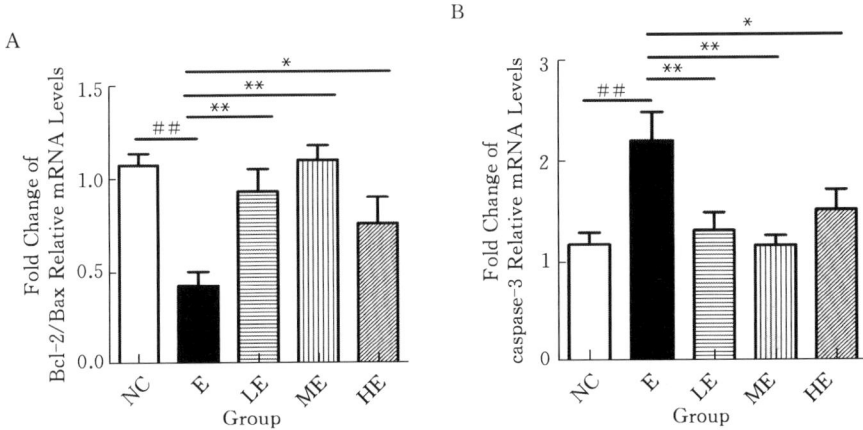

图 3-18 PQQ 对小鼠心肌 Bcl-2/Bax 和 Caspase-3mRNA 水平的影响

A：Bcl-2/Bax 的 mRNA 水平；B：Caspase-3 的 mRNA 水平；NC：正常无干预组；E：力竭游泳组；LE、ME 和 HE：力竭游泳＋5、10 和 20 mg/kg PQQ 干预组；＃＃：$P<0.01$，与 NC 组相比；＊：$P<0.05$，＊＊：$P<0.01$，与 E 组相比。

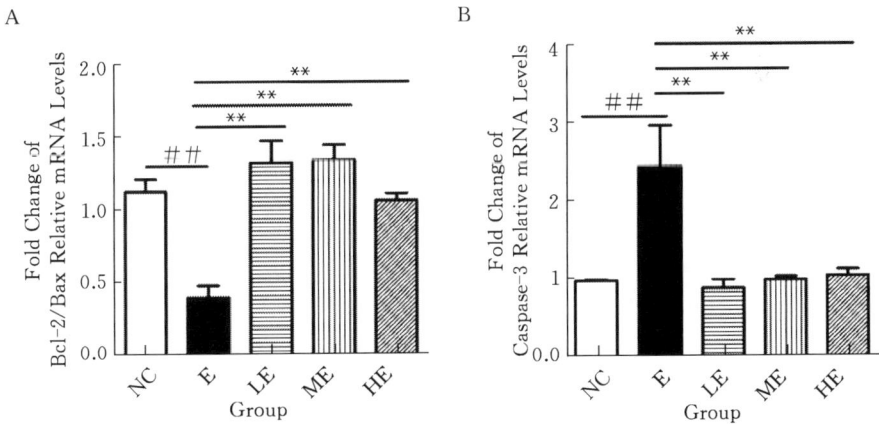

图 3-19 PQQ 对小鼠肝组织 Bcl-2/Bax 和 Caspase-3mRNA 水平的影响

A：Bcl-2/Bax 的 mRNA 水平；B：Caspase-3 的 mRNA 水平；NC：正常无干预组；E：力竭游泳组；LE、ME 和 HE：力竭游泳＋5、10 和 20 mg/kg PQQ 干预组；＃＃：$P<0.01$，与 NC 组相比；＊＊：$P<0.01$，与 E 组相比。

此外，与正常对照 NC 组相比较，力竭运动干预的 E 组小鼠，心肌和肝组织中 Caspase‐3 的 mRNA 水平非常显著地增加（$P < 0.01$）；而在 LE 组、ME 组和 HE 组中，PQQ 可以减少这种增加，且较 E 组差异均具统计学意义（$P < 0.05$）。

3.5 讨论

3.5.1 运动性疲劳动物模型的建立

目前，国内外主要通过建立力竭运动动物模型对运动性疲劳进行研究，而力竭运动的方式主要有游泳和跑步。游泳是小鼠的本能活动，易于被小鼠接受。在适宜的水温及充足的空间中进行游泳，小鼠不会产生强烈、不良的抵触情绪和行为，可以充分发挥其运动能力，而且，游泳运动所需要的设备简单，是一种干扰因素少、经济易行的造模方式。而由于小鼠的游泳能力比较强，力竭模型的构建一般采用负重游泳方式，以便使其运动强度能始终维持在较高水平上[206,207]。

周龄方面，8 周龄小鼠为性成熟期，生命力较旺盛，身体素质较好，运动能力较强，最适合用于力竭造模；而在性别上，为了避免雌性小鼠生理周期对造模产生影响，造模时一般选择雄性小鼠。

因此，综合考虑运动方式、周龄、性别对造模的影响，本研究以 8 周龄雄性小鼠为实验对象，采用尾部负重 3% 体重负荷的游泳方式，运动至力竭，构建运动性疲劳模型，以便于探讨 PQQ 抗运动性疲劳的作用。

3.5.2 PQQ 对小鼠运动能力的影响

运动能力是指参加训练和运动的能力。运动能力的高低，很大程度上取决于运动过程中机体调控靶向信号通路及能量供应、利用的能力，是机体形态、素质及机能等综合因素好坏的集中体现。而运动力竭的时间，则是反映运动能力及抗疲劳能力最有力、最宏观、最直接的指标。力竭的时间越长，表明运动能力及抗疲劳能力越好[207]。

本研究中，2 周反复力竭游泳干预后，每天补充一定量 PQQ 营养素的 LE、ME 和 HE 组小鼠，与日常没有喂养 PQQ 的 E 组相比，最后一天力竭游泳的时间均明显延长，证实了 PQQ 延缓运动性疲劳和提高运动能力的作用。其中，HE 组与 ME 组小鼠相比，最后一天的力竭时间没有显示出剂量效应。但实验过程中观察到，在反复力竭干预的初期和中期，PQQ 使 HE 组小鼠运动能力极显著提高，力竭运动的时间明显较其他组更长，这可能导致其在反复干预的后期，身体机能未能较好恢复，从而一定程度上影响了最后一天力竭的游泳时间和其他相关指标。本研究的不足之处是，没有记录和统计反复力竭干预期间每一天的力竭运动时间。

本研究的结果推测，PQQ 可能通过抑制 ROS 的生成，同时提高细胞内抗氧化酶活性，从而有效地阻止了脂质过氧化反应，减轻运动性机体损伤，进而提高了小鼠的运动能力及抗疲劳能力，延长力竭运动时间。

3.5.3　PQQ 对氧化应激指标的影响

氧化应激是指机体 ROS 生成增加或者清除能力减弱，导致 ROS 蓄积而引起的氧化损伤过程。正常生理条件下，ROS 维持着产生和消除的动态平衡；当机体处于病理状态或有外界刺激时，体内 ROS 就会快速而过量地产生，同时，抗氧化防御能力下降，从而发生氧化应激。在抗氧化应激中，抗氧化酶 SOD 和 GSH‑Px 起着至关重要的作用。SOD 具有特殊的生理活性，是体内清除 ROS 的第一道防线，能够与 GSH‑Px、CAT 等共同合作保护细胞膜免受 ROS 的攻击，减轻氧化损伤。但长时间大强度运动后，SOD 和 GSH‑Px 等抗氧化酶过度消耗，酶活性严重下降；抗氧化防御体系与运动应激产生的大量 ROS 失去了原先的动态平衡；多余的 ROS 反复攻击细胞膜，使膜上的不饱和脂肪酸不断地发生脂质过氧化，形成 MDA，进一步引起细胞膜结构和功能出现障碍，细胞膜通透性发生改变，内容物溢出[208]。因此，研究氧化应激及营养补剂对氧化应激机体的保护作用时，SOD 及 GSH‑Px 活性可作为机体清除 ROS 能力即抗氧化能力的直接指标，而 MDA 作为 ROS 代谢的敏感指标，反映了机体受 ROS 攻击的严重程度及组织细胞的受损程度[208]。

有研究显示，PQQ 具有强大的清除 ROS 能力，能够很好地保护机体、组织和细胞免受 ROS 的损伤。在缺血再灌注模型中，补充 PQQ 可以显著抑制小鼠氧化应激，降低 ROS 对心肌的损伤，降低心肌中 MDA 的水平，减少心室纤维性颤动，缩小心肌梗死范围；在缺氧缺糖和 H_2O_2 诱导大鼠心肌细胞的模型中，PQQ 也能抑制 ROS 的产生，降低氧化应激，保护心肌细胞[209]；在硫代乙酰胺、二甲肼、四氯化碳和鱼藤酮等诱导的肝组织氧化损伤模型中，PQQ 也可显著抑制肝纤维化，改善肝功能，提高肝组织的 SOD 和 GPX‑Px 活性，减少 MDA 含量[210]；PQQ 能够防止晶状体受氧化应激损伤，保证晶状体的正常代谢，缓解白内障症状[211]；PQQ 还可以透过血脑屏障清除 ROS，调节神经组织中 SOD 活性和 MDA 含量，有效地保护神经元[212]；Zhang 等在脑缺氧/缺血模型中发现，PQQ 可以显著减少神经行为缺陷和脑梗死范围[164]；Ohwada 等也研究发现，PQQ 对氧化应激导致的神经系统损伤具有很好的保护作用，从而能够提高大鼠的认知能力[166]。

本研究发现，为期 2 周的反复力竭干预后，没有补充 PQQ 的 E 组小鼠，心肌和肝组织中的 SOD 和 GSH - Px 活性均显著下降，与之相对应，血清、心肌和肝组织中的 MDA 含量则显著增加，表现为明显的氧化应激状态。而日常喂养 PQQ 的小鼠，在反复力竭干预后，与 E 相比，心肌和肝组织中 SOD、和 GSH - Px 活性明显升高，血清、肝脏和心脏中的 MDA 含量也相应地显著降低，证明 PQQ 在运动性疲劳模型中与其在他疾病模型一样，具有强大的抗氧化作用，能够减轻机体受氧化应激的损伤。

3.5.4　PQQ 减轻组织损伤作用

氧化应激对细胞最明显的直接影响之一就是细胞膜通透性的改变，从而释放大量酶进入血液，表现为血清中一些酶的活性大幅度增加。CK、LDH 都是细胞中能量代谢的关键酶，CK 广泛存在于心肌、骨骼肌、平滑肌及脑组织等，LDH 则几乎存在于所有组织中，正常情况下，它们主要存在于细胞内。而当细胞膜结构受损，通透性增加，CK、LDH 等酶就会释放到血中[213]。因此，运动实践中，常用血清 CK、LDH 等酶的活性来反映组织的程度损伤和恢复情况。Bartolomei 等在高强度抗阻力训练后，发现运动员的 CK、LDH 均显著增高[214]；Choi 等让大鼠在跑步机上进行大强度训练，30 min/d，5 d/周，持续 8 周后，发现高强度运动显著增加了血浆 CK 和 LDH 的活性[61]。本研究结果也显示，E 组小鼠在反复力竭后，血清 CK 和 LDH 活力水平均显著高于正常无力竭游泳干预的 NC 组，这也与我们前期单次力竭游泳模型中的结果相一致[135]。同时，本研究发现与没有喂养 PQQ 的 E 组小鼠相比，每天补充 PQQ 的小鼠在反复力竭干预后，血清 CK 和 LDH 活力水平显著降低，表明 PQQ 可以有效减轻运动性疲劳引起的组织损伤。

心脏是运动过劳性损伤的主要靶器官。运动过程中，心肌耗氧量显著增加，冠状动脉无法满足其对氧的需求，从而诱发心肌缺氧损伤；运动后心脏恢复供氧，缺血再灌注使得心肌损伤更加严重[215]。cTnⅠ是心肌中的一种调节蛋白，具有高度的特异性，当心肌细胞受损时，就会释放到血液中，其在血清中的水平是心肌损伤最敏感的指标，已成为心肌损伤诊断的金标准[216]。La Gerche 等研究发现 40 名运动员在剧烈运动后，血清 cTnⅠ显著上升[217]；Dawson 等也发现 13 名运动员中有 12 名在马拉松比赛后，血清 cTnⅠ水平出现明显增加[218]；与前人的研究相一致，本研究中，小鼠在进行 2 周的反复力竭游泳后，血清的 cTn I 水平也显著升高，而 PQQ 能有效地抑制血清 cTn I 水平在力竭运动后的上升，表现出良好的心肌保护效应。

肝脏是主要的代谢调节器官，在运动应激中发挥着重要的生理作用，也是运动性损伤的重要靶器官，而组织形态的改变是肝脏损伤的直接证据。本研究中肝组织切片的 HE 染色结果显示，2 周的反复力竭运动导致了肝组织形态的病理性改变，包括肝小叶轮廓改变，肝窦变窄消失，肝细胞肿胀呈空泡状，细胞质疏松，核皱缩等，呈现出持续性的肝损伤，而 PQQ 明显改善了肝组织形态的超微病理学异常，表明 PQQ 对运动性疲劳诱导的肝组织损伤有显著的保护作用。

3.5.5 PQQ 对 NF‑κB 介导的炎症反应的影响

NF‑κB 介导的炎症反应在病理生理学的异常改变中发挥着重要作用，而 TNF‑α、IL‑1β、IL‑6 及 CXCL‑10 等炎症介质的高表达和释放在高强度运动诱发的损伤中起着关键作用[219]。Goussetis 等研究发现长距离竞走使机体血清 IL‑6 水平显著升高[59]；Raizel 等在大鼠抗阻运动后对 TNF‑α、IL‑1β 及 IL‑6 水平进行了测试，发现血浆和骨骼肌中的 TNF‑α、IL‑1β 及 IL‑6 水平均显著升高，同时 NF‑κB 被显著激活[60]；Choi 等也发现高强度运动后，大鼠血清 IL‑6 和 TNF‑α 水平明显增加，肌肉 *IL‑6* 和 *TNF‑α* 基因表达显著上升[61]。

本研究中，2 周反复力竭干预后，小鼠血清促炎因子 IL‑1β 和 TNF‑α 水平均明显上升；与之相一致，心肌和肝组织中的 TNF‑α、IL‑1β、IL‑6 及 CXCL‑10 等细胞因子的转录水平，在大强度运动后也明显上调。而 PQQ 干预后，炎性因子在血清中的释放及在心肌和肝组织的表达均显著降低，表明 PQQ 能在一定程度上抑制反复高强度运动诱发的炎性反应。

NF‑κB 作为炎症通路重要的转录调节因子，在运动应激与炎症反应中发挥着中心调节作用。Balan 等在雄性大鼠以不同强度跑步的实验中，发现运动能激活心肌 NF‑κB，且可能存在激活 NF‑κB 亚基的强度阈值[220]。本研究 Western blot 结果显示，两周反复力竭运动会导致心肌和肝组织中 NF‑κB 蛋白表达和活化程度均显著上升，而补充 PQQ 后得到显著抑制，与我们前期在运动性疲劳细胞模型的研究结果相一致，进一步表明 PQQ 可能通过抑制 NF‑κB 的过表达和活化，下调相关炎症反应，发挥抗炎保护作用，从而减轻了大强度剧烈运动对机体产生的损伤。

3.5.6 PQQ 对凋亡相关基因的影响

作为关键转录调节因子的 NF–κB，调控着多种基因的表达，并参与了细胞凋亡的生物学过程，对 Bax 等促凋亡基因的表达也有一定的上调作用[221]。在凋亡过程中，抗凋亡基因 Bcl–2 和促凋亡基因 Bax 扮演者重要的角色。Bcl–2 能抑制线粒体细胞色素 C 的释放，从而阻止 Caspase 的级联反应，抵抗凋亡；Bax 起着相反的作用。因此，Bcl–2 与 Bax 的比值决定着各种生理或病理性刺激作用下，细胞存活或者死亡的命运[222]。本研究发现，2 周力竭运动干预导致了心肌和肝组织中 Bcl–2 和 Bax 的比例显著下降，而补充 PQQ 能明显抑制这种比例的下调。与之相对应，凋亡关键执行分子 Caspase–3 在剧烈运动的刺激下，在心肌和肝组织中的表达量显著增加；补充 PQQ 后则得到显著抑制，与本课题前期细胞模型的实验结果相一致，表明 PQQ 可能通过调节 Bcl–2、Bax 基因的表达和抑制 Caspase–3 的活性与过表达，从而在运动性疲劳中发挥相关作用。

3.6　小结

① PQQ 能够延缓运动性疲劳的发生，提高小鼠运动能力，延长运动的力竭时间。

② PQQ 能够抑制心肌和肝组织中 SOD 和 GSH–Px 活性的降低，减少血清、肝脏和心脏中 MDA 的生成，在运动性疲劳中发挥强大的抗氧化作用，减轻氧化应激损伤。

③ PQQ 能显著降低运动疲劳小鼠血清的 CK、LDH 活力及 cTnⅠ水平，能明显改善肝组织形态的超微病理学异常，表现出良好的组织保护效应。

④ PQQ 能抑制心肌和肝组织中 NF–κB 的过表达和活化，下调相关炎症反应，减少 TNF–α、IL–1β、IL–6、CXCL–10 等炎症介质的表达和释放，在大强度剧烈运动中发挥抗炎保护作用。

⑤ 在反复力竭干预中，PQQ 能上调心肌和肝组织中抗凋亡因子 Bcl–2 和促凋亡因子 Bax 的比例，抑制凋亡关键执行分子 Caspase–3 的过表达。

4 PQQ 抗运动性疲劳作用的线粒体机制研究

4.1 引言

线粒体作为合成 ATP 的必要场所，是能量代谢的重要枢纽，同时，在调节 ROS 介导的氧化应激、炎症和细胞凋亡等诸多方面也起着非常关键的作用[223,224]。线粒体被认为是 ROS 的受害者，同时也是运动性疲劳过程中 ROS 的主要来源[225]。线粒体合成 ATP 效率的下降将严重影响机体的运动能力，继而引发运动性疲劳[226]。研究表明，力竭等长时间大强度的运动后，线粒体结构呈现出明显的变化，线粒体复合物活性下降，膜电位降低，呼吸功能减弱，ATP 合成严重受阻[227]。因此，依据运动性疲劳发生的线粒体损伤机制，补充靶向于线粒体的营养物质，维持线粒体结构与功能的完整性，可能是解决运动性疲劳预防和恢复问题的有效策略。

有研究表明，PQQ 能够调节线粒体功能相关的多项指标。而本课题前期体内外的研究发现，PQQ 对运动性疲劳小鼠显示出良好的保护效应，能抑制 ROS 的生成、NF‐κB 的过表达与活化、炎症介质的表达与释放，可以对凋亡相关基因进行调控，这些结果也提示线粒体是 PQQ 作用的靶向细胞器。此外，本课题研究的第一部分，已验证以 45 V、20 ms、5 Hz 的刺激强度，电刺激骨骼肌细胞 120 min 建立的骨骼肌收缩功能低下模型，是体外研究运动性疲劳和相关干预及其机制的适宜模型。因此，本部分研究拟通过该细胞模型，从线粒体结构和功能的角度进一步探究 PQQ 抗运动性疲劳的作用机制。

4.2 材料与方法

4.2.1 细胞株

C2C12 细胞（小鼠骨骼肌肌母细胞系）购自美国 ATCC 细胞库，ATCC 号为 CRL‐1772™。C2C12 细胞在培养过程中可以分化，形成骨骼肌细胞。

4.2.2 主要试剂

主要试剂见表 4‐1。

表 4-1　主要试剂

试剂
PQQ
Rotenone（鱼藤酮）
CCCP
MitoTracker® Red CMXRos
线粒体红色探针
活性氧（ROS）检测试剂盒
FCCP（线粒体氧化磷酸化解偶联剂）
JC-1 线粒体膜电位荧光探针
ATP 检测试剂盒
Oligomycin（寡霉素）

4.2.3　主要仪器设备

主要仪器见表 4-2。

表 4-2　主要仪器

主要仪器
超纯水系统
手动单道可调移液器（1 mL、20～200 μL、10 μL、2 μL）
生物安全柜
−80 ℃超低温冰箱
液氮储存箱
电刺激器
实时荧光定量 PCR 仪
立式压力蒸汽灭菌器
制冰机
酶标仪
Millipore 纯水仪
电子天平
台式高速冷冻离心机

（续）

主要仪器
倒置显微镜（照相系统）
精密天平
加热磁力搅拌器
高速立式离心机
电动吸液器
激光共聚焦显微镜
8 孔道电动移液器（20 μL、20～200 μL）
pH 计
流式细胞仪
超级恒温水槽
生物超净工作台
掌式离心机
中型台式离心机
78-1 磁力加热搅拌器
线粒体功能测定

4.2.4 主要溶液的配制

① PQQ 用超纯水配制成 $2\ \mu mol/L$ 浓度的储存液，分装，$-20\ ℃$ 保存，临用前稀释成所需浓度。

② 0.01 mol/L PBS KCl 0.20 g，NaCl 8.00 g，KH_2PO_4 0.24 g，$Na_2HPO_4 \cdot 12H_2O$ 2.9 g，pH 调至 7.2，加双蒸水定容至 1 L。

③ 线粒体复合物 I 抑制剂——鱼藤酮（Rotenone） 溶解于乙醇，配制成 1.0 mmol/L 的储存液，分装，$-20\ ℃$ 保存，使用时加入培养基，终浓度为 $1.0\ \mu mol/L$。

④ 质子泵抑制剂——羰基-氰-对-三甲氧基苯肼（Carbonyl cyanide p-trifluoromethoxyphenylhydrazone，FCCP） 溶解于乙醇，配制成 1.0 mmol/L 的储存液，分装，$-20\ ℃$ 保存，临用前稀释成所需浓度。

⑤ ATP 合酶抑制剂——寡霉素（Oligomycin） 溶解于乙醇，配制成 5.0 mmol/L 的储存液，分装，$-20\ ℃$ 保存，临用前稀释成所需浓度。

⑥ JC‐1染色工作液的配制　将适量JC‐1（200×）按1∶160比例，用超纯水稀释，剧烈震荡，充分溶解混匀，再加入JC‐1染色缓冲液（5×，2 mL），混匀，待用。

⑦ ATP检测工作液的配制　用ATP检测试剂盒里的专用稀释液，按1∶9的比例稀释ATP检测试剂。稀释后的ATP检测试剂即为ATP检测工作液。

4.3　实验方法

4.3.1　C2C12细胞的培养、传代与分化

C2C12细胞购买后放液氮中保存，需要时复苏，用含10％胎牛血清的DMEM高糖培养基，放于5％CO_2，37 ℃、饱和湿度的培养箱中培养。当细胞生长至70％～80％时，用胰蛋白酶消化，传代；继续培养，待细胞长满皿底后，换成含2％马血清的培养基，进行分化；分化6 d后进行实验。

4.3.2　电刺激方式

采用Master‐8电刺激器，对分化6 d的肌管进行电刺激，刺激强度为45 V、20 ms、5 Hz。正常对照组NC组不进行电刺激，实验组分为单纯电刺激组（E组）和PQQ预孵育＋电刺激组（E＋PQQ组）。

4.3.3　ROS含量的检测

（1）装载探针

电刺激分化好的肌管细胞后，装载探针。先用无血清细胞培养液按1∶1 000比例稀释荧光探针（DCFH‐DA），终浓度为10 μmol/L。去培养液，加稀释过的DCFH‐DA，充分盖住细胞，37 ℃孵育20 min。用无血清培养液洗涤3次。

（2）检测

装好探针，用荧光显微镜直接观察后，收集细胞，用流式细胞仪或荧光酶标仪检测。激发波长和发射波长分别为488 nm和525 nm。

4.3.4　线粒体形态染色

采用MitoTracker® Red CMXRos线粒体红色荧光探针进行线粒体特异性染色。将细胞进行爬片培养，分化和电刺激处理后，弃去培养液，加入MitoTracker® Red CMXRos染色工作液（37 ℃预温育），置37 ℃培养箱孵育

30 min。染色结束后，去除染色工作液，换上换上新鲜培养液（37 ℃预温育），使用激光共聚焦显微镜观察并拍照。

4.3.5 线粒体膜电位的检测

① 配制 JC-1 染色工作液。

② 设置阳性对照　将 CCCP（10 mmol/L）加入培养的细胞中，稀释至 10 μmol/L，孵育 20 min，随后装载 JC-1 探针，检测线粒体膜电位。

③ 装载 JC-1 探针　电刺激后，收集各组细胞（包括 CCCP 阳性对照组），重悬于新鲜细胞培养液中，加入 JC-1 工作液，混匀，放置于培养箱中，37 ℃孵育 20 min。

④ 离心，弃上清，用 JC-1 染色缓冲液（1×）洗涤 2 次。

⑤ 用 JC-1 缓冲液（1×）重悬，采用流式细胞仪分析。绿色荧光表明线粒体膜电位下降，该细胞可能处于凋亡早期。红色荧光表明膜电位较正常，细胞状态也较正常。

4.3.6 线粒体呼吸功能的测定

（1）仓的清洗

① 准备 50 mL 离心管（2 个），加入 48 mL 纯水。

② 取出盖子和塞子，用水清洗，纸巾擦拭，放入有水的离心管中。

③ 往仓内加满水，放入塞子，吸掉溢出的水；从塞子上方继续加水，加满为止；盖上盖子，转子搅拌 5 min；将塞子取出放入离心管中，让水从毛细管内溢出来；重复 2 次。

④ 将离心管里的水倒掉，加入 70％的乙醇 48 mL。

⑤ 用 70％乙醇洗 3 次，操作同③。

⑥ 吸掉 70％乙醇，加满无水乙醇，将塞子放入，将塞子上方也加满无水乙醇，让转子搅拌 15 min。

（2）仓容积校准

① 确保玻璃仓内干燥，没有任何液体；放入干燥的搅拌子。

② 加入 2.1 mL 纯水。

③ 打开搅拌子。

④ 将塞子的固定圈用六角钳松开。

⑤ 将塞子插入，确保塞子的毛细管内干燥、固定圈完全贴在仓控制器上。

⑥ 慢慢将塞子往下按，直到看见毛细管内充满液体，且出现一个小水珠

为止；此时，塞子的位置为要校准的位置。

（3）细胞呼吸测定

① 加入 10^6 个细胞，测定其基础呼吸值。

② 待平衡后，加入 ATP 合成酶（线粒体复合物 V）的抑制剂寡霉素，降低细胞耗氧率（Oxygen consumption rate，OCR）。

③ 待平衡后，加入呼吸链解偶联剂 FCCP，作用于线粒体内膜，使线粒体内外膜间的质子势能去除，OCR 增加，呼吸达到最大的呼吸值，能量均以热能形式释放，不产生 ATP，而产生大量热量。

④ 加入线粒体复合物 I 抑制剂——鱼藤酮，呼吸被抑制，此时的 OCR 值为非线粒体呼吸的 OCR。

4.3.7 ATP 含量的测定

① 样品测定的准备　去除培养液，加入裂解液，反复吹打或晃动，使细胞充分裂解。

② 待裂解完全后，4 ℃，12 000 r/min，离心 5 min；取上清，用于 ATP 浓度的测定。

③ ATP 浓度的测定　A. 取 100 μLATP 检测工作液加入检测孔，室温放置 5 min，消耗掉全部本底性的 ATP，降低本底；B. 加入 20 μL 标准品或样品，用微量移液器迅速混匀，间隔至少 2 s 后，采用化学发光仪测定 ATP 浓度。

4.3.8 统计与分析

使用 IBM SPSS Statistics 22 进行数据统计，单因素方差分析组间差异；计算结果以"均数±标准差"表示；$P < 0.01$，差异非常显著；$P < 0.05$，差异显著，具有统计学意义；作图使用 Graphpad prism 6 软件；Western 灰度计算用 Image‐Pro Plus 6.0 软件。

4.4　结果与分析

4.4.1 PQQ 对肌管线粒体形态的影响

利用线粒体荧光探针对线粒体进行标记，观察 PQQ 对收缩功能低下时肌管线粒体形态的影响。由图 4‐1 可知，正常对照 NC 组，肌管线粒体呈线状或丝状，且分布均匀，大部分连接形成网络状；而当肌管收缩疲劳时，线粒体发生凝集，形态显著改变，呈现不规则的片段化（大小不一的点状或小环状）；PQQ 的干预则明显抑制了线粒体形态异常现象的发生。

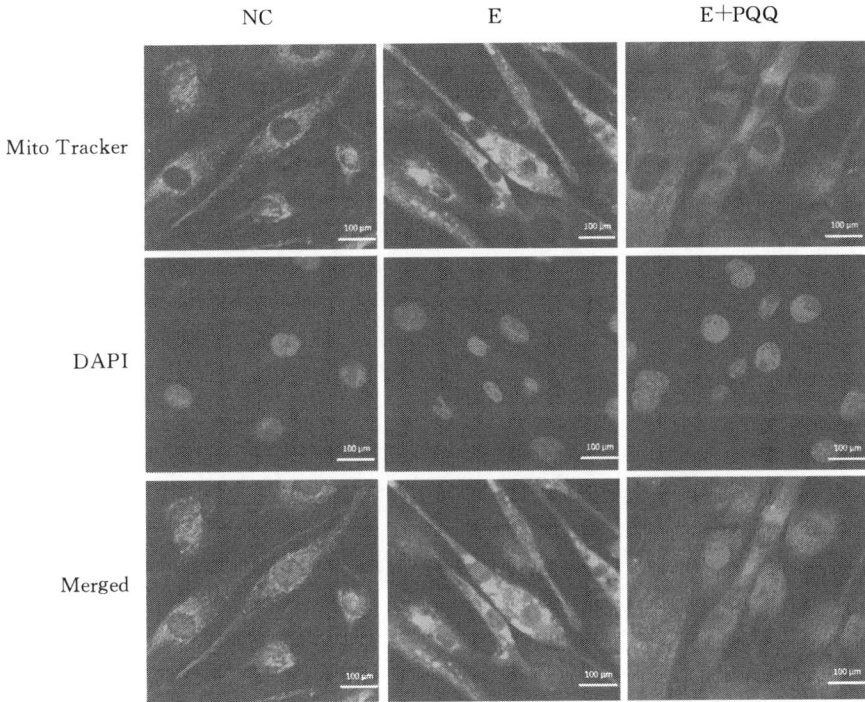

图 4-1 PQQ 对电刺激肌管线粒体形态的影响

MitoTracker：线粒体红色荧光探针；DAPI：细胞核染料；NC：正常对照；E：电刺激；E＋PQQ：电刺激＋PQQ 干预。

4.4.2 PQQ 对电刺激 C2C12 肌管线粒体膜电位的影响

为了进一步研究 PQQ 对电刺激肌管线粒体的保护作用，采用 JC-1 荧光探针，通过流式细胞术检测线粒体膜电位 $\Delta\Psi m$ 的变化。JC-1 是检测线粒体 $\Delta\Psi m$ 的理想探针，$\Delta\Psi m$ 较高时，JC-1 在线粒体基质中聚集形成聚合物，呈现红色荧光；当 $\Delta\Psi m$ 较低时，JC-1 为单体，发出绿色荧光。因此，红绿荧光的转变和相对比例反映了线粒体 $\Delta\Psi m$ 的变化。图 4-2 显示，在 E 组中，长时间电刺激引起肌管收缩疲劳时，绿色荧光相对比例为 36.14%，说明线粒体 $\Delta\Psi m$ 较低；而经 PQQ 预孵育的肌管，跟 E 组相比，在同样的刺激条件下绿色荧光降低，红色荧光增强，红色荧光相对比例增高了 23.95 个百分点，表明 PQQ 干预能够抑制肌管收缩疲劳时线粒体 $\Delta\Psi m$ 的下降。

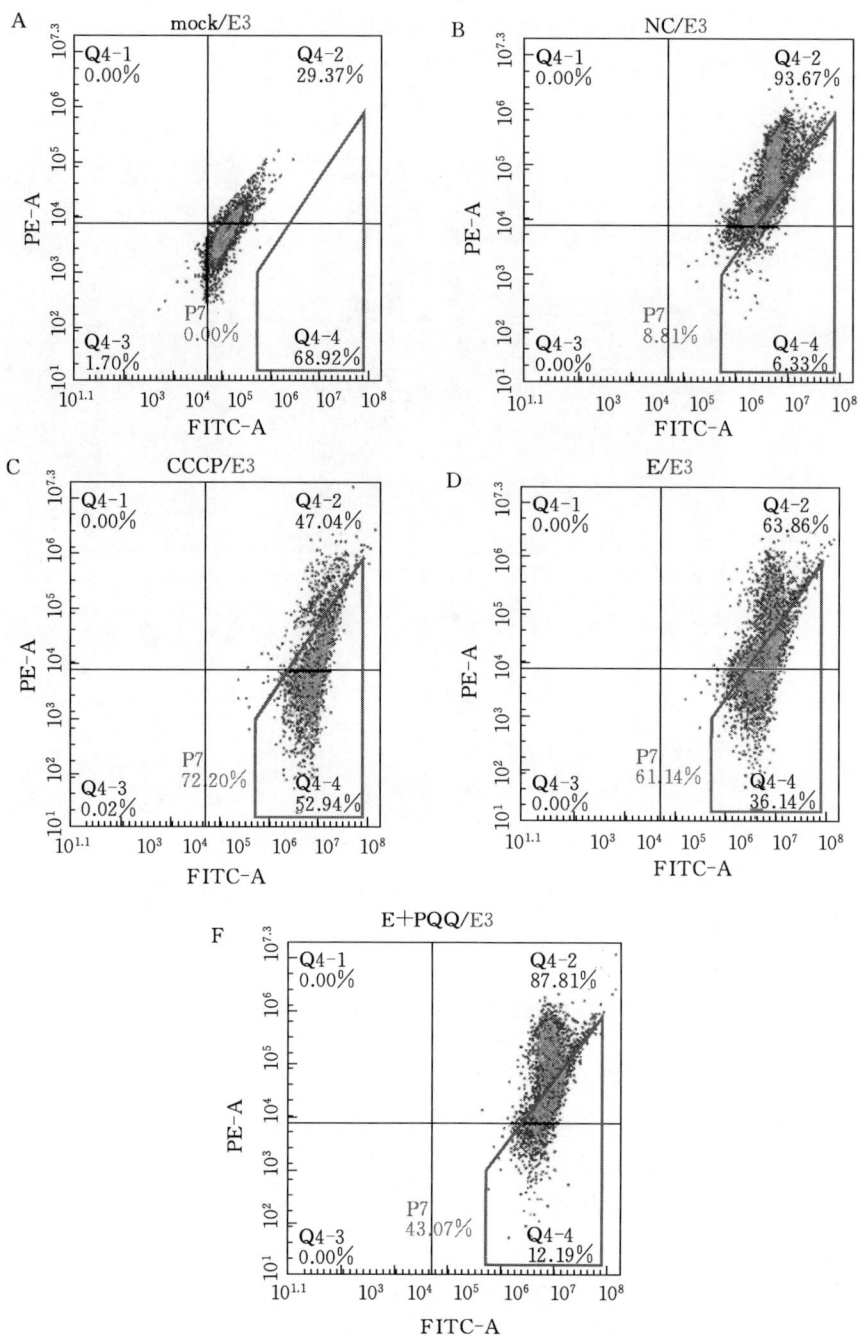

图 4-2　PQQ 对电刺激肌管线粒体膜电位的影响

FITC：绿色荧光；PE：藻红色荧光；A：空白对照组；B：正常对照组；C：CCCP 诱导的阳性对照；D：电刺激干预；F：电刺激＋PQQ 干预。

4.4.3　PQQ 改善电刺激肌管导致的线粒体呼吸功能异常

通过 Oxygraph－2k 线粒体功能测定仪，对肌管线粒体的呼吸功能进行了定量分析。加寡霉素之前的细胞耗氧率 OCR 反映了肌管细胞的基础呼吸功能；加 FCCP 之后的最大 OCR 值同加寡霉素后的最低 OCR 值之差则体现了线粒体的最大呼吸功能。由测试结果（图 4－3）可知，电刺激肌管引起收缩疲劳时，线粒体呼吸功能出现了异常，基础呼吸和最大呼吸均明显减弱，而PQQ 干预能够提高基础呼吸和最大呼吸功能，在一定程度上阻止了这种呼吸功能异常现象的发生。

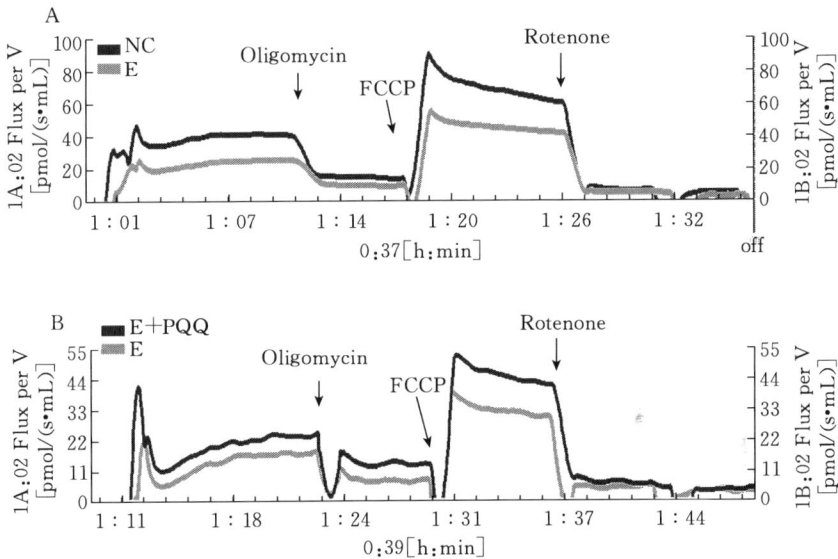

图 4－3　PQQ 对电刺激肌管线粒体呼吸功能的影响

Oligomycin：寡霉素；FCCP：线粒体氧化磷酸化解偶联剂；Rotenone：鱼藤酮；A：E 组与 NC 组；B：E＋PQQ 组与 E 组；NC：正常对照组；E：电刺激组；E＋PQQ：电刺激＋PQQ 干预组。

4.4.4　PQQ 对电刺激 C2C12 肌管 ATP 合成的影响

为了进一步验证 PQQ 对收缩疲劳肌管线粒体功能的保护效应，本研究接着将焦点定位于 ATP 的生物合成。合成 ATP 以提供机体所需能量，是线粒体的重要功能之一。由图 4－4 可知，E 组肌管在长时间电刺激后，ATP 水平较正常对照组显著降低（$P<0.01$），表明收缩疲劳时，肌管线粒体功能受损；而与单纯电刺激的 E 组相比，经 PQQ 孵育后再电刺激，则可以显著上调肌管ATP 的含量（$P<0.01$），表明 PQQ 能够增强长时间收缩肌管的线粒体功能。

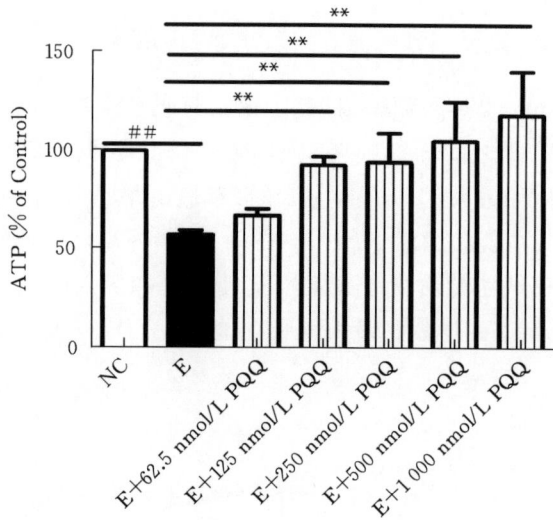

图 4-4　PQQ 对电刺激肌管 ATP 水平的影响

ATP：三磷酸腺苷；NC：正常对照组；E：电刺激组；E+PQQ：电刺激+PQQ 干预组；＃＃：$P<0.01$，与 NC 组相比；＊＊：$P<0.01$，与 E 组相比。

4.4.5　线粒体复合物Ⅰ抑制剂对肌管 ROS 生成的影响及 PQQ 的作用

为了进一步明确 PQQ 作用的靶点为线粒体复合物Ⅰ，本研究检测了线粒体复合物Ⅰ抑制剂对电刺激肌管 ROS 生成的影响及 PQQ 的作用。结果如图 4-5 所示，

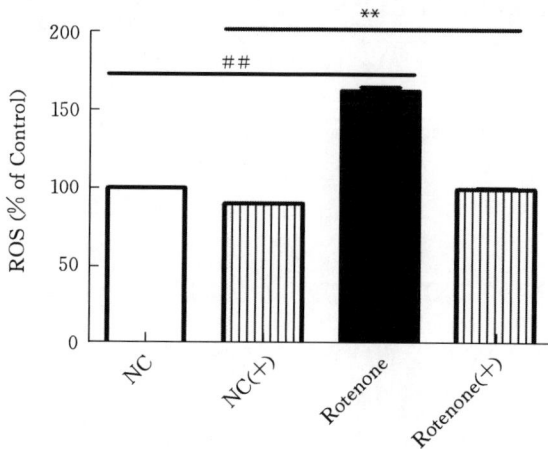

图 4-5　线粒体复合物Ⅰ抑制剂对肌管 ROS 生成的影响及 PQQ 的作用

ROS：氧自由基；NC：正常对照组；＃＃：$P<0.01$，与 NC 组相比；＊＊：$P<0.01$，与鱼藤酮处理、不加 PQQ 组相比。

复合物Ⅰ抑制剂——鱼藤酮，显著增高了肌管 ROS 的生成；而 PQQ 与鱼藤酮共同作用后发现，PQQ 能抑制鱼藤酮引起的 ROS 升高，在电刺激诱发肌管收缩疲劳的实验中，也得到相同的结果（图 4-6），再次表明 PQQ 作用的可能靶点为线粒体复合物Ⅰ。

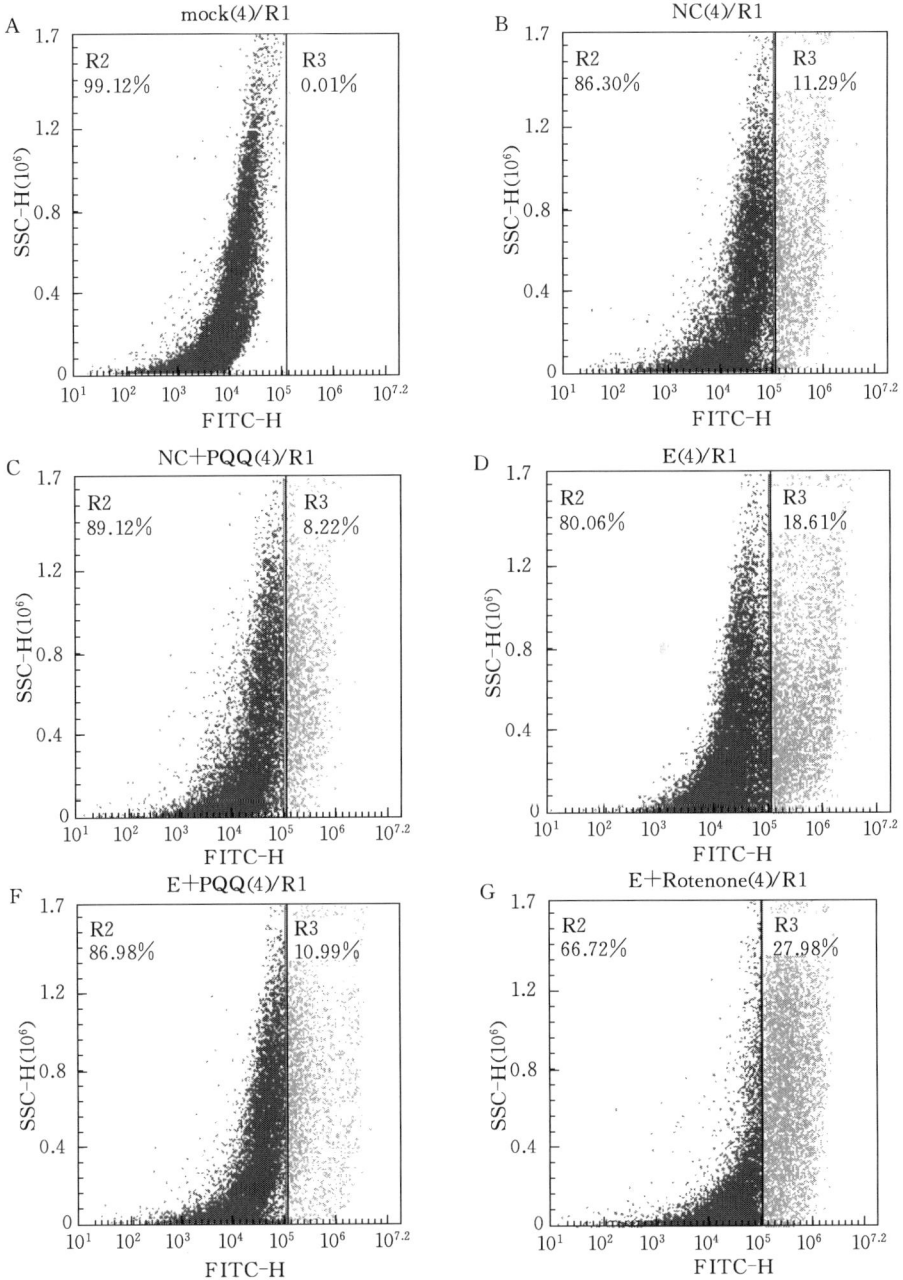

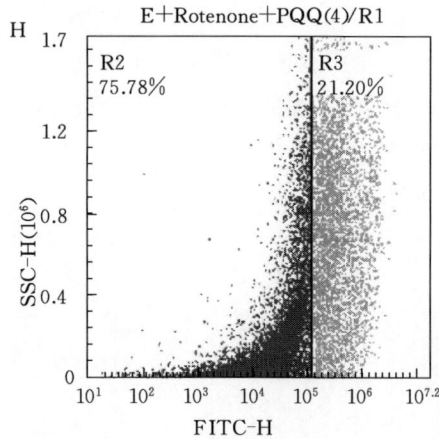

图 4-6　线粒体复合物 I 抑制剂对电刺激肌管 ROS 生成的影响及 PQQ 的作用

A：空白对照组；B：正常对照组；C：PQQ 干预；D：电刺激干预；F：电刺激＋PQQ 干预；G：电刺激＋鱼藤酮干预；H：电刺激＋鱼藤酮干预＋PQQ 干预组。

4.5　讨论

线粒体是细胞内重要的半自主性细胞器，与机体代谢、能量供应、氧化应激、NF-κB 介导的炎症反应、细胞凋亡等多种生命活动和反应息息相关[228]。线粒体形态的异常和功能的紊乱，必然会对机体造成深远的、不利的影响，被认为是发生运动性疲劳的重要原因。本研究发现长时间电刺激引起肌管收缩疲劳时，线粒体的形态呈现出明显的异常改变，线粒体膜电位显著降低，呼吸功能受影响，ATP 的合成遭抑制，与以往运动性疲劳的研究结果相一致。

线粒体形态发生异常变化，是线粒体损伤的直观表现。在肌管收缩疲劳模型中，PQQ 的预孵育能够很好地维持线粒体的正常形态，明显抑制片段化异象的发生，表明 PQQ 能有效地预防肌管收缩疲劳导致的线粒体损伤。

有研究显示，线粒体膜电位的高低，能够反映其氧化磷酸化的功能水平[229,230]。同时，线粒体膜电位的下降将会增强细胞膜的通透性，增多细胞色素 C 的释放量，从而激活 Caspase-3 等的级联反应，引发细胞凋亡。因此，线粒体膜电位也被视为凋亡早期的检测指标之一。本研究中，电刺激肌管引起收缩疲劳时，线粒体膜电位显著降低，补充 PQQ 后则明显升高，证实 PQQ 干预对线粒体膜电位的维持具有一定效果，这对能量的产生和细胞凋亡的抑制具有重要的意义。

线粒体发生氧化磷酸化反应的过程，是耗氧同时产生 ATP 的过程。因此，耗氧率 OCR 的测定也可以反映氧化磷酸化水平。本研究发现，肌管收缩疲劳后，氧耗下降，基础呼吸和最大呼吸均受到一定影响，线粒体呼吸功能减弱；PQQ 的补充能够提高长时间收缩肌管的 OCR，加强线粒体呼吸功能，说明 PQQ 可以增强此时的线粒体氧化磷酸化水平，为 ATP 的合成提供有力前提。

ATP 是最重要的能量分子，在各种生理过程中发挥着关键作用。ATP 水平的变化，直接影响着细胞的功能；ATP 水平的下降，通常表明线粒体功能减弱或受损。本研究结果显示，长时间收缩后，肌管 ATP 水平显著降低，提示线粒体能量代谢发生异常，这可能是导致疲劳的直接原因之一。相同刺激条件下，PQQ 的补充则使肌管的 ATP 水平明显增加，说明 PQQ 加强了线粒体的能量代谢功能，在一定程度上可以为细胞活动，包括修复，提供充足的能量保证。该结果进一步表明了线粒体是 PQQ 发挥抗疲劳效应的主要位点。

在 ATP 合成的过程中，线粒体也会产生大量 ROS，当过多的 ROS 诱发氧化应激时，ROS 又会反过来攻击线粒体，降低线粒体正常功能，造成各种损伤，形成恶性循环。线路体呼吸链中的复合物尤其易受 ROS 的影响。线粒体复合物Ⅰ作为线粒体呼吸链的起始端，在合成 ATP 作用中担当着极其重要的角色，细胞中大多数能量是经复合体Ⅰ的电子传递途径产生的[231,232]。但是，复合物Ⅰ同时也是机体 ROS 的主要来源[233,234]，许多疾病已被证实与线粒体复合物Ⅰ功能或活性的缺失密切相关；也有研究报道，力竭疲劳性运动会导致骨骼肌、心肌及肝脏的线粒体复合体Ⅰ的蛋白表达和活性明显降低[235]。本研究采用复合物Ⅰ的抑制剂——鱼藤酮孵育未电刺激的肌管后，ROS 的生成量明显增高；而当鱼藤酮与 PQQ 共同孵育时，发现鱼藤酮引起的 ROS 升高能被显著抑制；在电刺激诱发肌管收缩疲劳的模型中进行同样的实验，也得到相同的结果，表明在肌管长时间收缩活动中，PQQ 可以提高线粒体复合物Ⅰ的活性，抑制 ROS 的产生，表明线粒体复合物Ⅰ为 PQQ 抗运动性疲劳作用的可能靶点。

4.6　小结

本部分主要围绕 PQQ 对线粒体形态和功能的影响展开机制研究，证实了 PQQ 在运动性疲劳细胞模型中具有维持线粒体正常形态和功能的作用，能够明显抑制线粒体形态异常现象的发生及线粒体 $\Delta\Psi$m 的下降，能够提高线粒体基础呼吸和最大呼吸功能，在一定程度上阻止呼吸功能异常现象的发生，同时能够显著上调 ATP 的含量，为机体运动时能量供应提供保障。此外，本研究通过相应抑制剂的使用，验证了线粒体复合物 I 为 PQQ 发挥抗运动性疲劳效应的可能靶点。

5 PQQ 抗运动性疲劳作用的代谢组学研究

5.1 引言

本课题前期体内外的研究结果证实，PQQ 在运动性疲劳中具有良好的保护效应，且其作用机制涉及线粒体正常形态和功能的维持，能够明显抑制线粒体形态异常现象的发生及线粒体 $\Delta\Psi$m 的下降，能够提高线粒体基础呼吸和最大呼吸功能，在一定程度上阻止了呼吸功能异常现象的发生，同时能够显著上调 ATP 的含量，为机体运动时的能量供应提供保障。这些结果提示，PQQ 在运动性疲劳模型中可能对基因组和蛋白组的"最终产物"——代谢组及其相关代谢通路也会产生一定的影响。

运动必然会引起体内物质、能量代谢及代谢物的变化，同时，代谢物也会对运动时机体的能量传递及信号通路等进行调控。代谢组学是一种新兴的系统生物学研究方法，通过"全景式"测量样本中所有相对分子质量小于 1 ku、内源性的代谢产物，进行系列高通量、整体性的生物信息分析，从而客观、全面地体现机体在不同生理或病理性刺激下的动态反应。代谢组作为基因组和蛋白组的"最终产物"，包含了机体表型全面而直接的生物信息，这种研究方法不需要预先设定具体的检测化合物，能有效避免重要目标化合物的漏检，有助于发现特异性生物标记物，确定外来因素发挥作用的靶点，被广泛用于疾病、营养、药物研发及作用机制研究等诸多领域[236,237]。

目前，色谱-质谱联用和核磁共振是代谢组学常用的两种分析检测技术，各有优势。色谱-质谱联用技术具有高分离度、高通量、高灵敏度、高重复性及普适性等优点，能很好地分离与检测复杂的生物样本；相对于核磁共振技术，对低浓度代谢物的检测能力更强。因此，色谱-质谱联用技术在代谢组学中应用越来越广泛，已成为主要的分析技术[238,239]。

本研究拟采用反复力竭游泳方式，建立小鼠运动性疲劳模型，基于色谱-质谱联用的代谢组学技术，研究反复力竭游泳干预及补充一定剂量 PQQ 后，小鼠血清代谢物的变化，并寻找关键的潜在标志物，阐述 PQQ 作用的代谢通路和调控机制，验证其可能的作用靶点，以期为更全面、客观评估 PQQ 在运动性疲劳中的作用提供新的思路，也为将 PQQ 开发成高效的运动营养补剂提供有力证据。

5.2 材料

5.2.1 实验动物

SPF 级昆明小鼠 45 只，7 周龄，动物许可证号：SCXK（沪）2012－0002；合格证编号：2015000528350。按国家级标准分笼饲养，每笼 5 只，相对湿度 45％～55％，室温（22±2）℃，自由进食饮水，每天 12 h 光照，动物使用许可证号：SYXK（闽）2015－0004。

5.2.2 药品与试剂

主要试剂和药品见表 5－1。

表 5－1 主要试剂及药品

试剂
PQQ
纯水
吡啶（CAS：110－86－1，≥99.5％，HPLC）
衍生化试剂：BSTFA（含 1％ TMCS，V/V）
饱和脂肪酸甲酯（C8、C9、C10、C12、C14、C16、C18、C20、C22、C24）
氯仿（CAS：67－66－3，≥99.8％，HPLC）
甲氧胺盐酸盐（CAS：593－56－6，≥97％，AR）
甲醇（CAS：67－56－1，≥99.8％，HPLC）
内标：L－2－氯苯丙氨酸（CAS：103616－89－3，≥98.5％）

5.2.3 主要实验仪器设备

主要仪器见表 5－2。

表 5－2 主要仪器

主要仪器
超纯水系统
手动单道可调移液器（1 mL、20～200 μL、10 μL、2 μL）
生物安全柜
－80 ℃超低温冰箱

（续）

主要仪器
液氮储存箱
灌胃针
GC 色谱仪
立式压力蒸汽灭菌器
制冰机
色谱柱
超低温冰箱
Millipore 纯水仪
电子天平
台式高速冷冻离心机
涡旋仪 VORTEX - 5
精密天平
加热磁力搅拌器
高速立式离心机
电动吸液器
电热恒温鼓风干燥箱
8 孔道电动移液器（20 μL、20～200 μL）
pH 计
超级恒温水槽
生物超净工作台
掌式离心机
中型台式离心机
78 - 1 磁力加热搅拌器
NG - T98 冷冻浓缩离心干燥器
质谱仪
离心机

5.3 实验方法

5.3.1 实验动物分组

45 只小鼠适应性喂养 1 周，在实验干预前，进行为期 3 d，每天 20 min 的适应性游泳，淘汰不适应游泳的小鼠。剩余 40 只小鼠按体重随机分为 5 组，每组 8 只，分别为：正常对照组（NC 组）、力竭运动组（E 组）、PQQ 干预组（LE 组、ME 和 HE 组）。LE、ME 和 HE 组每天上午灌胃 PQQ 的剂量分别为 5、10 和 20 mg/kg，NC 和 E 组则灌胃等体积的生理盐水；NC 组不进行运动干预，其余 4 组小鼠每天下午，尾部负自身体重 3% 的铅皮，在高 60 cm、直径 55 cm、水深 40 cm、水温（32±2）℃的塑料圆桶内进行力竭游泳运动（每次时间应不少于 2 h）；期间认真观察动物身体状况，发现动作极度异常时，立即捞出水面，吹干皮毛，防止溺水或者生病；补剂和运动干预持续进行了 2 周，6 d/周，中间休息 1 d，记录最后一天的力竭时间。力竭判断的标准为：小鼠连续 3 次头部下沉持续超过 10 s 不能露出水面，捞出后无力支撑躯体，无法完成翻正反射。

5.3.2　PQQ 干预方案

见 5.3.1。

5.3.3　运动干预方案

见 5.3.1。

5.3.4　取材

小鼠最后一天力竭后，即刻麻醉，眼眶取血，室温静置 20 min，3 000 r/min，4 ℃离心 20 min，取上清液，分装，−80 ℃保存。在 NC 组、E 组和 ME 组中，每组各随机选取 6 只小鼠的血清样本，用于代谢组学分析。

5.3.5　代谢物萃取

① 从每个血清样本中各取出 15 μL，用于混合制成质控（Quality control，QC）样本。然后每个样本（包括 QC 样本）各取 100 μL 放于 2 mL EP 管，接着加入 0.35 mL 甲醇提取液，再加入 L-2-氯苯丙氨酸 20 μL，涡旋 30 s。

② 13 000 r/min，4 ℃，离心 15 min。

③ 离心后，小心取出 0.4 mL 上清放于 2 mL 甲硅烷基化的进样瓶中。

5.3.6　代谢物衍生化

① 将提取物放于真空浓缩器中干燥。

② 用吡啶溶解甲氧胺盐酸盐，配制成 20 mg/mL 的甲氧胺盐试剂，然后

从中取出 60 μL，加入干燥后的代谢物，小心混匀，放入 80 ℃烘箱中，孵育 30 min。

③ 每个样品中加入 80 μL 含有 1‰ TMCS（V/V）的 BSTFA，然后将混合物放于烘箱，70 ℃孵育 1.5 h。

④ 孵育后，将混合的样本放置室温冷却，再加入 10 μL 饱和脂肪酸甲酯标准混合液 FAMEs（溶于氯仿 C18～C24：0.5 mg/mL；C8～C16：1 mg/mL）。

⑤ 上机检测。

5.3.7 仪器参数

使用 Agilent 7890 的气相色谱-飞行时间质谱（GC - TOFMS）仪进行样品检测，该仪器配有 30 m×250 μm×0.25 μm 的 Agilent DB - 5MS 毛细管柱（J&W Scientific，Folsom，CA，USA），具体分析条件见表 5 - 3：

表 5 - 3　仪器参数

项目	参数
进样量	1 μL
分流模式	不分流模式
隔垫吹扫流速	3 mL/min
载气	氦气
色谱柱	DB - 5MS（30 m×250 μm×0.25 μm）
柱流速	1 mL/min
柱箱升温程序	50 ℃保持 1 min，然后以 20 ℃/min 的速率，缓慢升至 310 ℃，保持 6 min
前进样口温度	280 ℃
传输线温度	270 ℃
离子源温度	220 ℃
电离电压	—70 eV
质量范围	质荷比：50～500
扫描速率	20 光谱/s
溶剂延迟	4.8 min

5.3.8 原始数据预处理

原始数据包含了 6 个 QC 和 30 个实验样本，从测试结果中提取了 629 个峰。为了更好地分析代谢组学数据，首先使用 LECO 公司的 LECO‐fiehn rtx5 数据库和 Chroma TOF 4.3 软件包对原始数据进行了一系列的整理。主要步骤如下[240]：

① 基于四分位数对单个峰偏离值进行过滤，去除噪声。

② 继续过滤单个峰，只保留单组或所有组中，空值少于和等于 50% 的峰面积数据。

③ 采用最小值二分之一法进行填补的数值模拟方法，模拟数据中的缺失值。

④ 标准化处理　采用内标进行归一化。

⑤ 预处理后，保留了 482 个峰。然后，在 KEGG Pathway 数据库，对预处理后的代谢物进行物种 *Mus musculus* 映射。

5.3.9　主成分分析

主成分分析（Principal component analysis，PCA）属于常用的无监督的多元变量模式识别分析方法，利用降维思想，使得多个数值变量成为一组局维变量，而一个局维变量即为一个主成分（Principal component，PC)[241]。其中，数据中最大的变化量用第一主成分（PC1）反映，数据中第二大的变化量用第二个主成分（PC2）反映。

本研究在 PCA 分析中，采用 SIMCA V14.1 软件（MKS Data Analytics Solutions，Umea，Sweden），对整理好的数据进行对数转换加中心化格式化处理，进行自动建模分析[242]。

5.3.10　正交偏最小二乘法判别分析

通过正交偏最小二乘法判别分析方法（Orthogonal partial least square‐discriminate analysis，OPLS‐DA）可以过滤掉与分类不相关的正交变量，并分别分析正交和非正交变量，从而获取更加可靠有效的组间差异及相关程度信息[243]。

进行 OPLS‐DA 分析时，将之前整理好的数据导入 SIMCA V14.1 软件（MKS Data Analytics Solutions，Umea，Sweden），进行对数转换加 UV 格式化处理：①对 PC1 进行 OPLS‐DA 建模分析，用 7 折交叉验证法检验模型质量；②根据得到的 Q^2（表示模型的可预测性）和 R^2Y（表示分类变量 Y 的可解释性）评判模型的有效性；③通过置换检验，对分类变量（Y 变量）的排列顺序进行多次（次数 $n=200$）随机改变，从而得到随机模型的 R^2 和 Q^2 值，进一步检验模型的有效性。

5.3.11　差异代谢物的筛选

本研究使用的差异代谢物筛选标准为：OPLS‑DA 分析模型中，PC1 变量投影重要度的值（Variable importance in the projection，VIP）大于 1，与此同时，学生 t 检验的 P 值小于 0.05[244]。此外，对两组代谢物的定量比值 Fold change 也进行关注。

5.3.12　差异代谢物的层次聚类分析

两组对比时，将差异代谢物的定量值进行欧式距离矩阵（Euclidean distance matrix）计算，采用完全连锁方法，聚类差异代谢物，以热力图形式进行结果展示[245]。

5.4　结果与分析

5.4.1　样本品质、实验方法的有效性及系统的稳定性

单个样本的 GC‑TOFMS 总离子流图（图 5‑1）显示，本研究实验样品品质良好，所采用的检测方法有效。而系统稳定性由内标保留时间的标准差来衡量，由表 5‑4 可知，本研究所使用的内标 L‑2‑氯苯丙氨酸保留时间的标准差为 0.001 826，表明检测系统十分稳定。

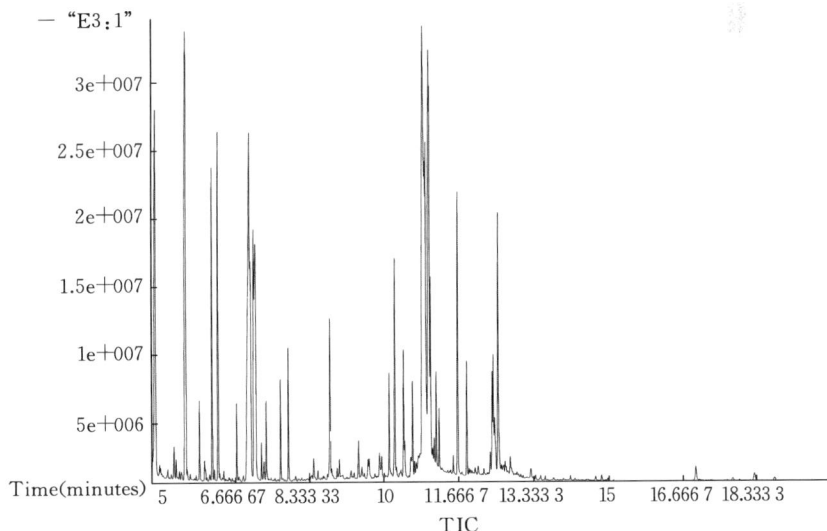

图 5‑1　GC‑TOFMS 检测总离子流

表 5 - 4 内标的保留时间

样品	R. T.（min）	样品	R. T.（min）
NC1	10. 271 7	E1	10. 271 7
NC2	10. 271 7	E2	10. 275 0
NC3	10. 272 5	E3	10. 272 5
NC4	10. 274 2	E4	10. 273 3
NC5	10. 271 7	E5	10. 273 3
NC6	10. 271 7	E6	10. 272 5
E＋PQQ1	10. 274 2	E＋PQQ 5	10. 272 5
E＋PQQ 2	10. 272 5	E＋PQQ 6	10. 272 5
E＋PQQ 3	10. 265 8	E＋PQQ 4	10. 275 0

NC：正常无干预组；E：力竭运动干预组；E＋PQQ：力竭运动＋PQQ 干预组。

5.4.2 血清样本的 GC - TOFMS 离子流图

基于 GC - TOFMS 技术平台，检测到了 629 个有效代谢谱峰，图 5 - 2、图 5 - 3 和图 5 - 4 分别为 NC 组、E 组和 E＋PQQ 组小鼠血清样品在 2 周反复力竭干预后测试的代谢图谱。根据代谢指纹图谱可知，各组之间图谱的某些波峰水平有较大差异，表明在 PQQ 和反复力竭干预后，血清中代谢产物发生了

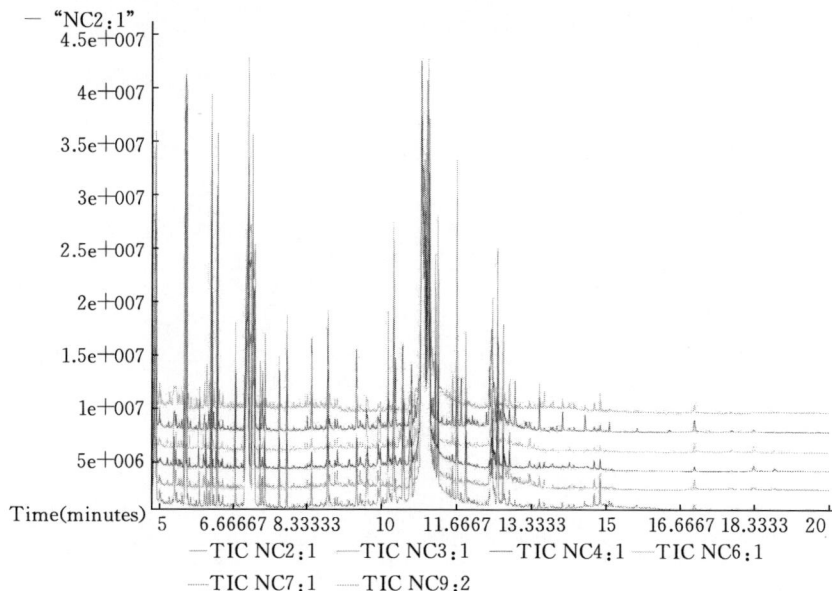

图 5 - 2 正常对照组血清样本的 GC - TOFMS 离子流

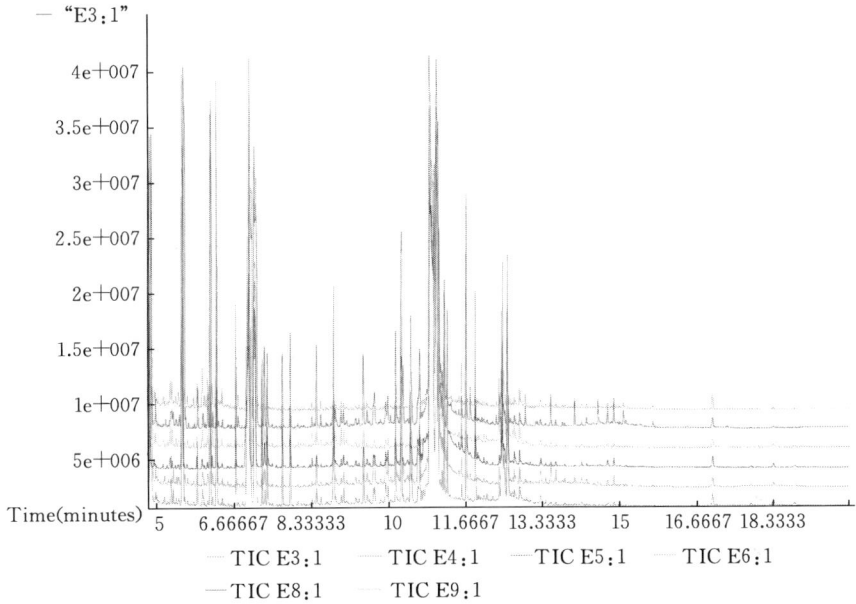

图 5-3　E 组血清样本的 GC-TOFMS 离子流

E 组：力竭游泳干预组。

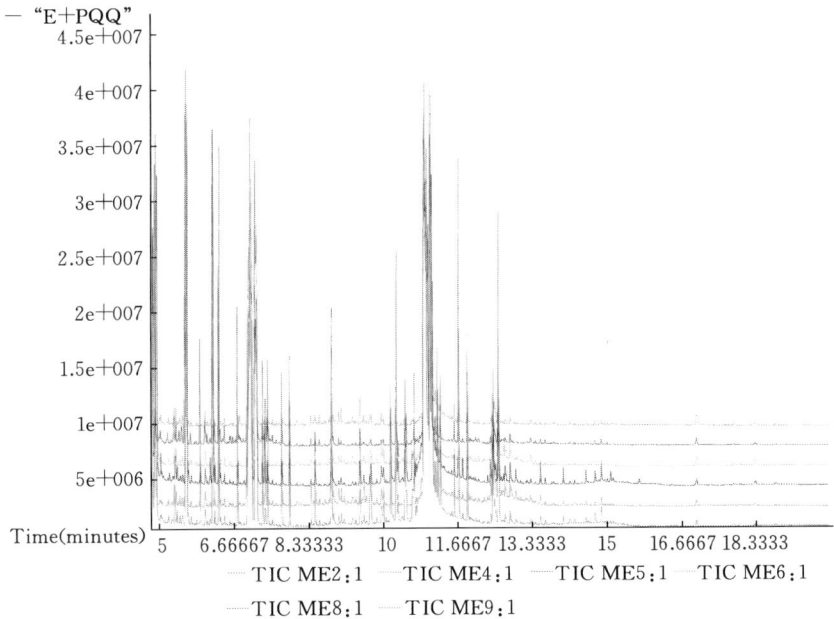

图 5-4　E＋PQQ 组血清样本的 GC-TOFMS 离子流

E＋PQQ 组：力竭游泳＋PQQ 干预组。

一定的变化，因此对其是否具有统计学意义进行了进一步分析。

5.4.3　PCA 分析

在研究代谢组学时，常常需要根据代谢谱信息进行多元的判别分析，从而建立判别模型，以便更直观地体现代谢谱的组间差异。其中，最主要的多维统计分析方法为无监督的分析方法和有监督的分析方法。而 PCA 分析是最常用的无监督分析方法之一。

原始数据经预处理后，482 个有效峰被保留下来。将数据进行 PCA 分析，结果如图 5-5 所示，样本基本分布于 95% 置信区间内，力竭运动干预组 E 组与正常安静对照组 NC 组的各样本明显分离，说明两组的代谢状态存在显著差异，表明 E 组小鼠在 2 周反复力竭干预后，血清正常代谢受到严重扰动。而 E+PQQ 干预组的各样品虽然与 E 组的样品有部分交叉重叠，但大多数仍显现出明显的分离趋势，且能够观察到不同程度地向 NC 组靠近，说明日常补充 PQQ 对反复力竭运动小鼠体内的代谢产生了一定的保护效应。

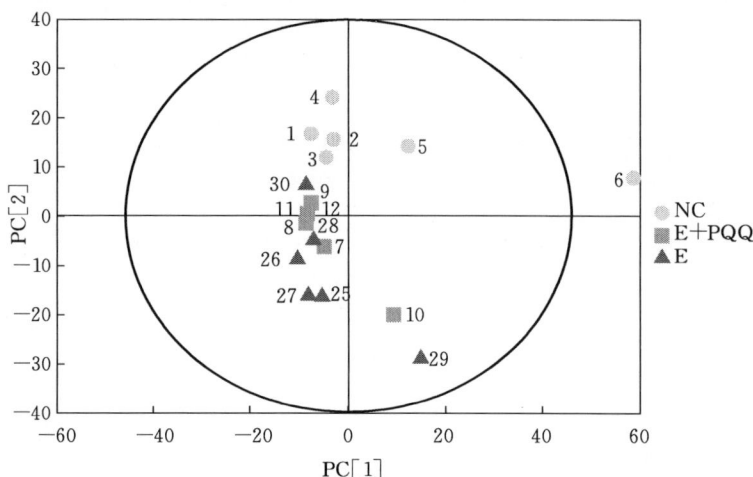

图 5-5　PCA 得分散点

NC：正常无干预组；E：力竭运动干预组；E+PQQ：力竭运动+PQQ 干预组。

5.4.4　OPLS-DA 分析

PCA 分析方法不用提供样品的类别信息，只对代谢物变量进行分析，其分类判别的能力相对较弱。由于样本本身因素或实验操作原因，经常会出现少量样本离群现象。为获取更加可靠的组间差异及相关程度信息，进一步验证各组样本的分离情况，本研究对数据组进行了 OPLS-DA 分析。OPLS-DA 分析是常用的有监督的分析方法，同时对样本类别信息（Y 变量）和代谢物变量（X 变量）进行分析，能够抽提到最相关的差异信息，屏蔽不相关因素的影响。

由图 5-6 和图 5-7 可知，全部样本都分布在 95% 的置信区间里；E 组与 NC 组，E+PQQ 组与 E 组，组间样本无交叉重叠，分离非常显著。置换检验

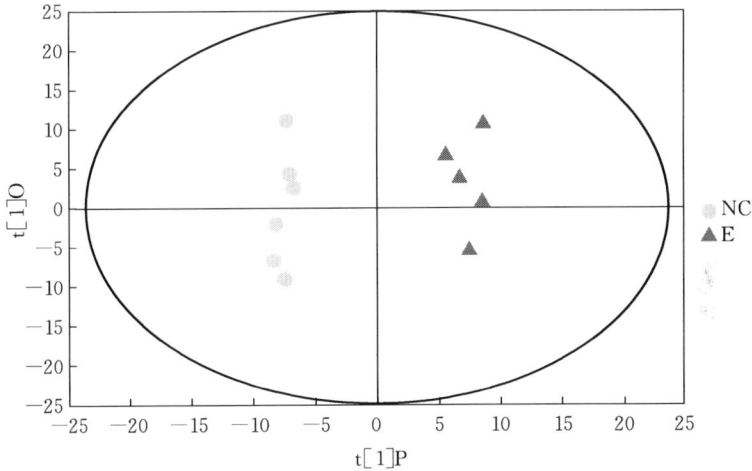

图 5-6 E 组与 NC 组 OPLS-DA 得分散点

t [1] P：预测主成分（第一主成分）得分；t [1] O：正交主成分（第二主成分）得分；NC：正常无干预组；E：力竭运动干预组。

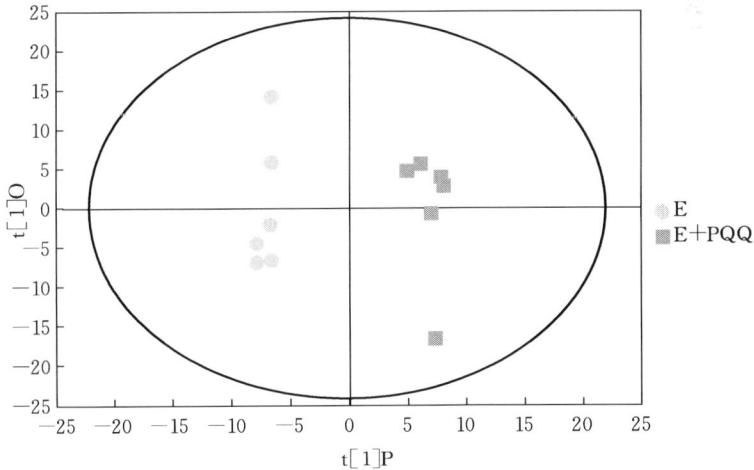

图 5-7 E+PQQ 组与 E 组 OPLS-DA 得分散点

t [1] P：预测主成分（第一主成分）得分；t [1] O：正交主成分（第二主成分）得分；NC：正常无干预组；E：力竭运动干预组；E+PQQ：力竭运动+PQQ 干预组。

图（图5-8和图5-9）显示，在两个OPLS-DA模型中，反映模型可靠性的R^2Y均为0.96，非常接近于1，表明建立的模型真实有效，可以很好地解释样本间的差异。同时，随着置换保留度的变化，置换的Y变量、模型的R^2和Q^2均发生相应的改变，说明没有过拟合现象，建立的OPLS-DA模型稳健性良好。

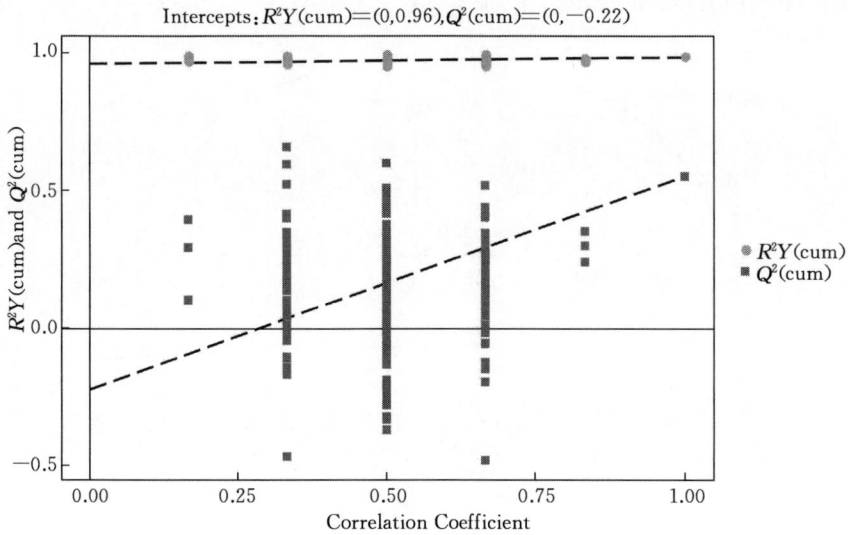

图5-8　E组与NC组OPLS-DA模型的置换检验结果
NC：正常无干预组；E：力竭运动干预组。

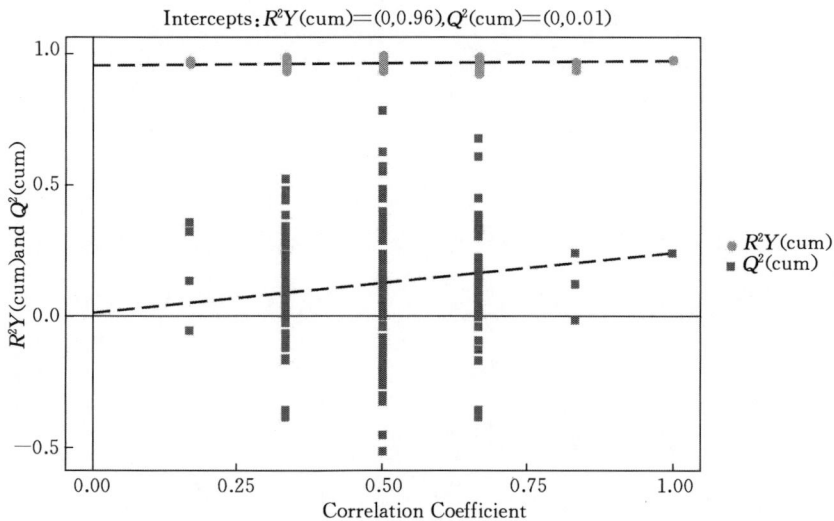

图5-9　E+PQQ组与E组OPLS-DA模型的置换检验结果
E：力竭运动干预组；E+PQQ：力竭运动+PQQ干预组。

5.4.5 差异代谢物的筛选

为了避免模型过拟合或假阳性错误，本研究通过 OPLS-DA 多元变量统计分析，结合学生 t 检验单变量统计分析，以不同角度观察数据，寻找关键的差异代谢物，并采用火山图形式将筛选结果进行可视化。

由表 5-5 可知，2 周的反复力竭运动干预后，E 组与正常安静对照组 NC 组之间共发现 32 种特征差异代谢物。其中，2-羟基丁酸、柠檬酸、脯氨酸、延胡索酸、赖氨酸、苹果酸、丁二酸、2-脱氧-D-葡萄糖、N-乙酰-L-苯丙氨酸等 25 种潜在标志物在反复力竭干预后，代谢水平上升；1,5-脱水葡萄糖醇、甲基 β-D-半乳糖苷、β-丙氨酸、来苏糖、木糖醇、丙二酸、甘油二酯等 7 种潜在代谢标志物的水平则下调。

表 5-5 E＋PQQ 组与 E 组差异代谢物筛选

Peak	中文名	Similarity	VIP	P-value	Fold change
1, 5 - Anhydroglucitol	1，5-无水葡萄糖醇	586	2.280 892 558	0.019 103 67	1.2101E-07
Lyxose	来苏糖	820	2.327 312 65	0.010 902 795	1.6939E-07
Methyl - beta - D - galactopyranoside	甲基-β-D-半乳吡喃糖苷	554	2.280 066 652	0.019 539 543	3.24358E-07
Xylitol	木糖醇	525	2.752 380 557	0.003 073 465	4.22125E-06
N - Acetyl - L - phenylalanine	N-乙酰-L-苯丙氨酸	280	2.037 110 736	0.026 817 119	0.026 817 119
Diglycerol	二甘油	409	1.824 446 639	0.021 081 082	0.202 397 447
Malonic acid	丙二酸	500	1.732 164 771	0.036 522 418	0.440 512 718
Beta - Alanine	β-丙氨酸	758	2.154 544 492	0.004 081 5	0.540 702 279
Oxoproline	氧代脯氨酸	942	1.913 695 6	0.021 087 554	1.345 109 379
Serine	丝氨酸	928	1.513 908 897	0.048 479 667	1.422 710 058
Glutamic acid	谷氨酸	615	1.936 930 624	0.010 139 098	1.558 621 346
3 - Cyanoalanine	3-氰基丙氨酸	456	1.535 245 862	0.045 770 11	1.576 094 917
Citric acid	柠檬酸	937	1.954 598 926	0.034 433 204	1.603 284 886
2, 6 - Diaminopimelic acid	2，6-二氨基二苯甲酸	428	2.088 721 495	0.016 019 238	1.762 141 557
Proline	脯氨酸	907	1.973 479 049	0.034 050 287	1.771 260 976

（续）

Peak	中文名	Similarity	VIP	P - value	Fold change
Citrulline	瓜氨酸	660	1. 871 593 021	0. 024 803 469	1. 782 192 462
Fumaric acid	延胡索酸	872	2. 009 363 113	0. 016 630 557	1. 813 205 176
Monoolein	甘油单油酸酯	420	1. 021 417 898	0. 036 879 332	1. 818 579 977
Lysine	赖氨酸	856	2. 090 141 696	0. 022 923 405	2. 148 242 3
Succinic acid	琥珀酸	848	1. 003 415 902	0. 004 751 941	2. 229 777 632
L - malic acid	L-苹果酸	919	2. 315 092 469	0. 006 018 52	2. 280 428 506
Adenosine	腺苷	327	1. 366 280 342	0. 021 878 409	2. 296 393 374
Leucine	亮氨酸	751	1. 424 078 592	0. 014 208 699	2. 414 767 323
Carnitine	肉碱	572	1. 357 320 409	0. 022 254 168	3. 100 097 494
N - acetyl - L - leucine	N-乙酰-L-亮氨酸	373	1. 065 905 837	0. 043 541 547	3. 141 136 46
2 - deoxy - D - glucose	2-脱氧-D-葡萄糖	560	1. 701 731 995	0. 015 557 029	3. 293 903 896
2 - hydroxybutanoic acid	2-羟基丁酸	953	2. 001 669 343	0. 042 108 771	5. 470 568 328
Methyl palmitoleate	棕榈油酸甲酯	322	2. 355 233 529	0. 001 554 318	6. 810 384 328
Urea	尿素	366	1. 638 904 587	0. 045 100 239	6. 962 627 87
Canavanine	刀豆氨酸	376	1. 905 424 147	0. 027 467 709	441 798. 097 3
N - methyl - L - glutamic acid	N-甲基-L-谷氨酸	504	1. 997 106 577	0. 040 532 513	2 420 853. 226
Phenyl beta - D - glucopyranoside	苯基 β-D-葡萄糖苷	570	2. 742 476 215	0. 035 373 827	6 931 996. 607

Peak：Fiehn 数据库中相应物质的名称；Similarity：物质与质谱检测峰的匹配度，取值范围为[0, 1 000]，匹配度与分数成正比；VIP：OPLS-DA 分析的 VIP 值；P - value：t - test 的 P 值；Fold change：两组代谢物的定量比值。

表 5-6、图 5-10 和图 5-11 显示，日常补充 PQQ 的小鼠与没有喂养 PQQ 的 E 组小鼠，在反复力竭干预后，血清中有 10 种潜在差异代谢物。其中，柠檬酸、脯氨酸、苏糖酸、6-磷酸葡萄糖酸、N-乙酰-L-苯丙氨酸等代谢水平在补充 PQQ 后降低，而木糖醇则显著升高。对比 E 组与 NC 组的差异代谢物，发现存在柠檬酸、L-脯氨酸、木糖醇及 N-乙酰-L-苯丙氨酸 4 种共有的差异化合物，且代谢水平呈回调趋势，表明 PQQ 可能通过这 4 种差异代谢物及相关代谢通路改善运动性疲劳状况。

表 5 - 6 E＋PQQ 组与 E 组差异代谢物筛选

Peak	中文名	Similarity	VIP	P - value	Fold change
Xylitol	木糖醇	525	2.754 760 05	0.006 577 309	321 373.565 9
Citric acid	柠檬酸	937	2.461 847 491	0.036 239 417	0.637 494 842
Analyte 1 081	分析物 1081	699	2.136 423 127	0.041 041 256	0.615 169 376
6 - phosphogluconic acid	6 -磷酸葡糖酸	670	2.462 654 528	0.016 841 294	0.613 032 144
Analyte 951	分析物 951	155	1.223 110 864	0.035 569 937	0.606 148 525
Fructose 2，6 - biphosphate degrprod	果糖 2，6 - 二磷酸降解产物	663	2.156 498 529	0.017 312 882	0.596 834 878
3 - aminopropionitrile	3 -氨基丙腈	238	1.147 526 371	0.034 920 025	0.545 193 984
Proline	脯氨酸	907	1.616 012 845	0.043 599 912	0.472 438 35
Alpha - Santonin	α-桑托宁	499	1.658 743 078	0.024 825 35	0.387 157 393
Threonic acid	Threonic acid	852	2.296 057 638	0.027 911 003	0.353 160 21
Ribose	核糖	913	1.591 367 172	0.015 844 978	0.333 674 592
Analyte 1066	分析物 1066	293	2.044 694 753	0.015 401 02	0.328 802 695
N - acetyl - L - phenylalanine	N -乙酰- L -苯丙氨酸	280	2.213 661 989	0.026 817 169	4.48373E - 06

Peak：Fiehn 数据库中相应物质的名称；Similarity：物质与质谱检测峰的匹配度，取值范围为 [0，1 000]，匹配度与分数成正比；VIP：OPLS - DA 分析的 VIP 值；P - value：t - test 的 P 值；Fold change：两组代谢物的定量比值。

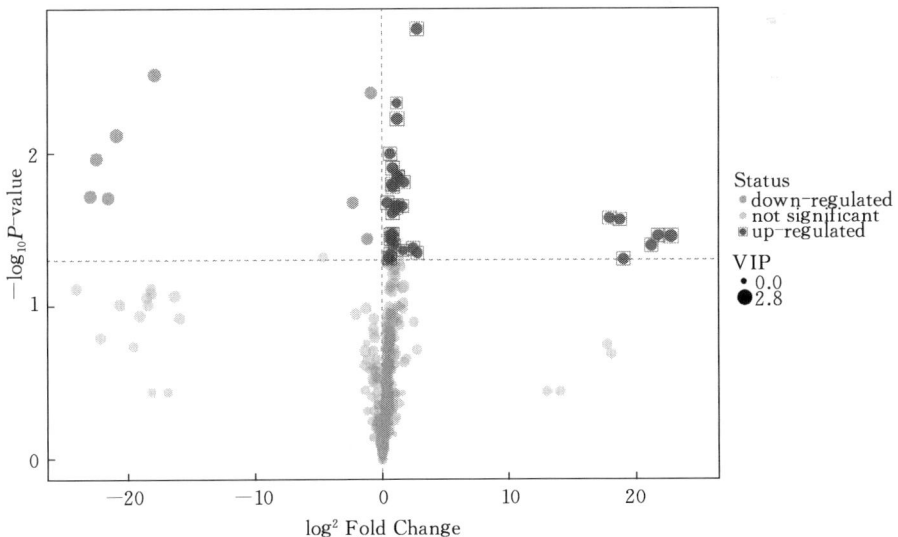

图 5 - 10 E 组与 NC 组差异代谢物筛选火山图

NC：正常无干预组；E：力竭运动干预组。

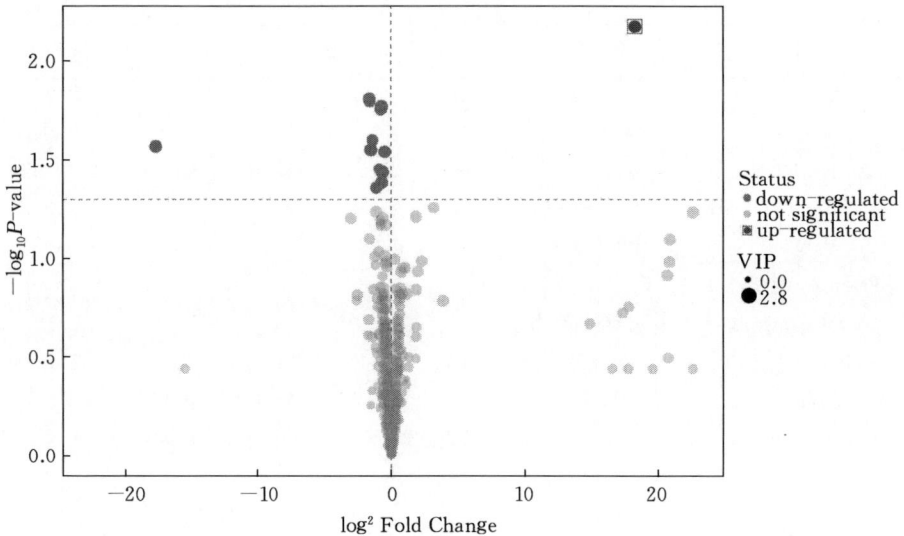

图 5-11 E+PQQ 组与 E 组差异代谢物筛选火山图

E：力竭运动干预组；E+PQQ：力竭运动+PQQ 干预组

5.4.6 代谢物的层次聚类分析

为了将相同特征的代谢标志物归为一类，以便进一步观察代谢标志物在组间的变化特征，本研究对以上分析得到的标志性代谢物进行了层次聚类分析。通过定量值计算欧式距离矩阵，采用完全连锁方法进行聚类，结果以热力图形式展示[246]。横坐标表示实验样本的组别，纵坐标表示进行层次聚类的代谢标志物，色块表示对应代谢标志物的相对表达量。由图 5-12 和图 5-13 可知，实验组间的差异代谢物显示出较为明显的分组模式。

5.4.7 相关代谢通路分析

为了探讨相关代谢标志物之间的相互作用关系，研究标志物可能涉及的代谢途径，本研究将所得到的差异代谢物输入到 KEGG Pathway 数据库中进行映射[247,248]，并整理出相关通路。结果发现反复力竭干预后，代谢物的变化可能涉及三羧酸循环、ABC 转运蛋白、酪氨酸代谢、苯丙氨酸代谢等 31条代谢通路的紊乱（表 5-7）。而 PQQ 可能通过影响三羧酸循环、ABC 转运蛋白、磷酸戊糖途径、氨基酸生物合成、胰高血糖素信号通路等发挥保护作用（表 5-8）。

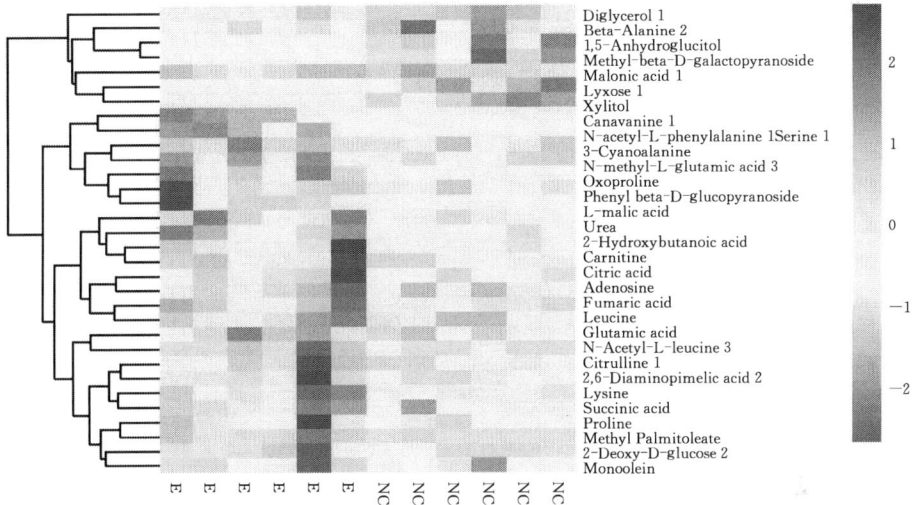

图 5-12 E 组与 NC 组的层次聚类分析热力图

NC：正常无干预组；E：力竭运动干预组。

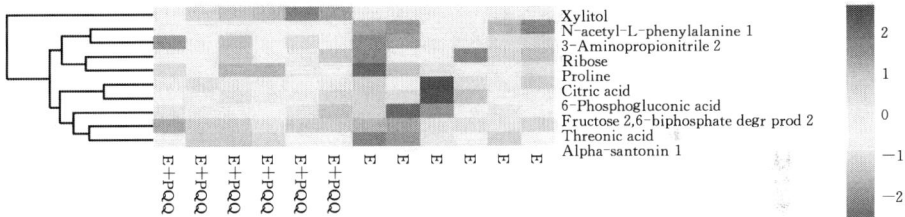

图 5-13 E+PQQ 组与 E 组的层次聚类分析热力图

E：力竭运动干预组；E+PQQ：力竭运动+PQQ 干预组。

表 5-7 E 组与 NC 组的 KEGG 通路注释

Pathway	Description	Compounds
mmu01100	Metabolic pathways	C00158；C00149；C00148；C00122；C00047；C00042；C00099；C00123；C00327；C00379；C00680；C00086；C00212
mmu01230	Biosynthesis of amino acids	C00158；C00148；C00047；C00123；C00327；C00680
mmu02010	ABC transporters	C00148；C00047；C00123；C00487；C00379；C00086

（续）

Pathway	Description	Compounds
mmu05230	Central carbon metabolism in cancer	C00158；C00149；C00148；C00122；C00042；C00123
mmu00020	Citrate cycle（TCA cycle）	C00158；C00149；C00122；C00042
mmu01200	Carbon metabolism	C00158；C00149；C00122；C00042
mmu04922	Glucagon signaling pathway	C00158；C00149；C00122；C00042
mmu04974	Protein digestion and absorption	C00148；C00047；C00099；C00123
mmu00220	Arginine biosynthesis	C00122；C00327；C00086
mmu00250	Alanine，aspartate and glutamate metabolism	C00158；C00122；C00042
mmu00360	Phenylalanine metabolism	C00122；C00042；C03519
mmu00620	Pyruvate metabolism	C00149；C00122；C00042
mmu00630	Glyoxylate and dicarboxylate metabolism	C00158；C00149；C00042
mmu00640	Propanoate metabolism	C05984；C00042；C00099
mmu00970	Aminoacyl‐tRNA biosynthesis	C00148；C00047；C00123
mmu01210	2‐Oxocarboxylic acid metabolism	C00158；C00047；C00123
mmu00190	Oxidative phosphorylation	C00122；C00042
mmu00230	Purine metabolism	C00086；C00212
mmu00240	Pyrimidine metabolism	C00099；C00086
mmu00310	Lysine degradation	C00047；C00487
mmu00330	Arginine and proline metabolism	C00148；C00086
mmu00350	Tyrosine metabolism	C00122；C00042
mmu00650	Butanoate metabolism	C00122；C00042
mmu00760	Nicotinate and nicotinamide metabolism	C00122；C00042
mmu00780	Biotin metabolism	C00047；C00086
mmu04024	cAMP signaling pathway	C00042；C00212
mmu04080	Neuroactive ligand‐receptor interaction	C00099；C00212
mmu04742	Taste transduction	C00158；C00149
mmu04978	Mineral absorption	C00148；C00123
mmu05200	Pathways in cancer	C00149；C00122
mmu05211	Renal cell carcinoma	C00149；C00122

Pathway：通路在 KEGG Pathway 数据库 ID；Description：代谢通路的名称；Compounds：差异代谢物的 KEGG compound ID。

表 5-8 E+PQQ 组与 E 组的 KEGG 通路注释

Pathway	Description	Compounds
mmu01100	Metabolic pathways	C00158；C00148；C00345；C00379
mmu02010	ABC transporters	C00121；C00148；C00379
mmu05230	Central carbon metabolism in cancer	C00158；C00148；C00665
mmu00030	Pentose phosphate pathway	C00121；C00345
mmu01200	Carbon metabolism	C00158；C00345
mmu01230	Biosynthesis of amino acids	C00158；C00148
mmu04922	Glucagon signaling pathway	C00158；C00665

Pathway：通路在 KEGG Pathway 数据库 ID；Description：代谢通路的名称；Compounds：差异代谢物的 KEGG compound ID。

为了寻找相关性最高的代谢通路，本研究采用了 MetPA 数据库对通路进行进一步的分析和筛选[249]。MetPA 包含了 PubChem、KEGG 及 HMDB 等权威数据库的信息，能够有力地把富集分析和拓扑分析结合起来对通路进行综合分析。首先，我们将筛选的差异代谢物在 PubChem、KEGG 及 HMDB 等数据库进行映射。获得代谢标志物的匹配信息后，对相应的代谢通路数据库进行了搜索（表 5-9 和表 5-10）并分析，结果以气泡图形式展示。气泡图中气泡代表代谢通路，气泡大小和横坐标表示拓扑分析中通路的影响值，气泡越大，该通路的影响值越大，相关性越高；气泡颜色和纵坐标表示富集分析的 P 值（$-\ln P$），颜色越深，$-\ln P$ 越大，代表 P 值越小，通路的富集程度越显著。

表 5-9 E 组与 NC 组的差异代谢物与其通路

Match	Pathway
Succinic acid；L-malic acid；Citric acid；Fumaric acid	Citrate cycle（TCA cycle）
Succinic acid；Beta-alanine；2-Hydroxybutyric acid	Propanoate metabolism
Citrulline；L-glutamic acid；L-proline；Fumaric acid；Urea	Arginine and proline metabolism
Citric acid；L-malic acid	Glyoxylate and dicarboxylate metabolism
L-lysine；Carnitine	Lysine degradation
Fumaric acid；Succinic acid	Alanine，aspartate and glutamate metabolism
L-lysine	Lysine biosynthesis
L-lysine	Biotin metabolism
L-phenylalanine；L-lysine；L-leucine；L-proline	Aminoacyl-tRNA biosynthesis

（续）

Match	Pathway
L‐leucine	Valine，leucine and isoleucine biosynthesis
Beta‐alanine	Pantothenate and CoA biosynthesis
D‐xylitol	Pentose and glucuronate interconversions
Beta‐alanine	beta‐Alanine metabolism
Adenosine；Urea	Purine metabolism
L‐malic acid	Pyruvate metabolism
L‐leucine	Valine，leucine and isoleucine degradation
Beta‐alanine	Pyrimidine metabolism
Fumaric acid	Tyrosine metabolism
N‐acetyl‐L‐phenylalanine	Phenylalanine metabolism

Pathway：代谢通路名称；Match：在数据库中匹配到的代谢物名称。

表 5‐10　E＋PQQ 组与 E 组的差异代谢物与其通路

Match	Pathway
D‐Ribose；6‐Phosphogluconic acid	Pentose phosphate pathway
Beta‐aminopropionitrile	Cyanoamino acid metabolism
D‐xylitol	Pentose and glucuronate interconversions
Citric acid	Glyoxylate and dicarboxylate metabolism
Citric acid	Citrate cycle（TCA cycle）
D‐fructose 2，6‐bisphosphate	Fructose and mannose metabolism
L‐proline	Arginine and proline metabolism
L‐phenylalanine；L‐proline	Aminoacyl‐tRNA biosynthesis
D‐ribose；6‐Phosphogluconic acid；	Pentose phosphate pathway
N‐acetyl‐L‐phenylalanine	Phenylalanine metabolism

Pathway：代谢通路名称；Match：在数据库中匹配到的代谢物名称。

由图 5‐14 可知，运动性疲劳诱导的血清代谢紊乱主要与三羧酸循环、精氨酸与脯氨酸代谢、乙醛酸和二羧酸盐代谢（乙醛酸循环）、戊糖和葡糖醛酸盐相互转化（糖醛酸途径）、β‐丙氨酸代谢及缬氨酸、亮氨酸和异亮氨酸降解等代谢途径密切相关。而 PQQ 干预的分析结果显示，PQQ 改善运动性疲劳症状主要与木糖醇参与的糖醛酸途径及柠檬酸参与的三羧酸循环支路乙醛酸循环通路有关（图 5‐15）。

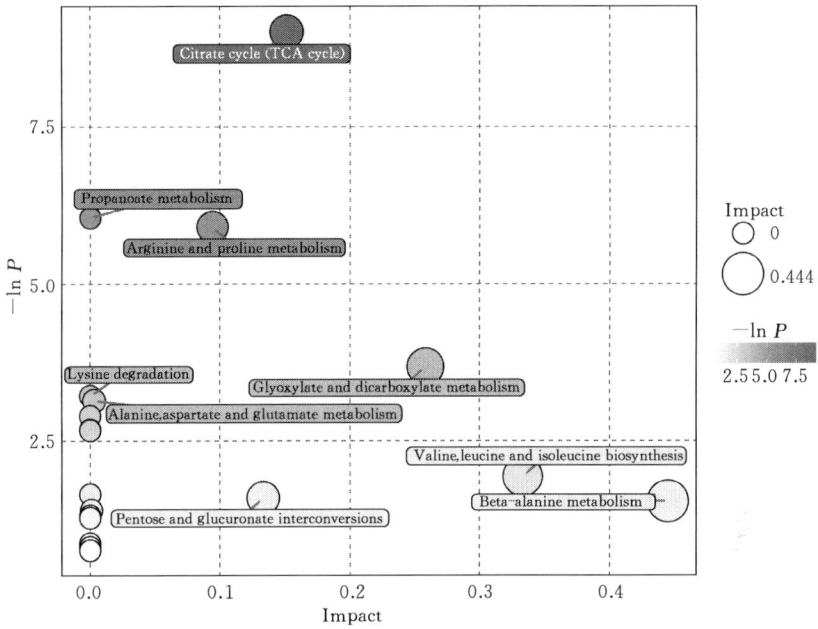

图 5-14　E 组与 NC 组的通路分析

NC：正常无干预组；E：力竭运动干预组。

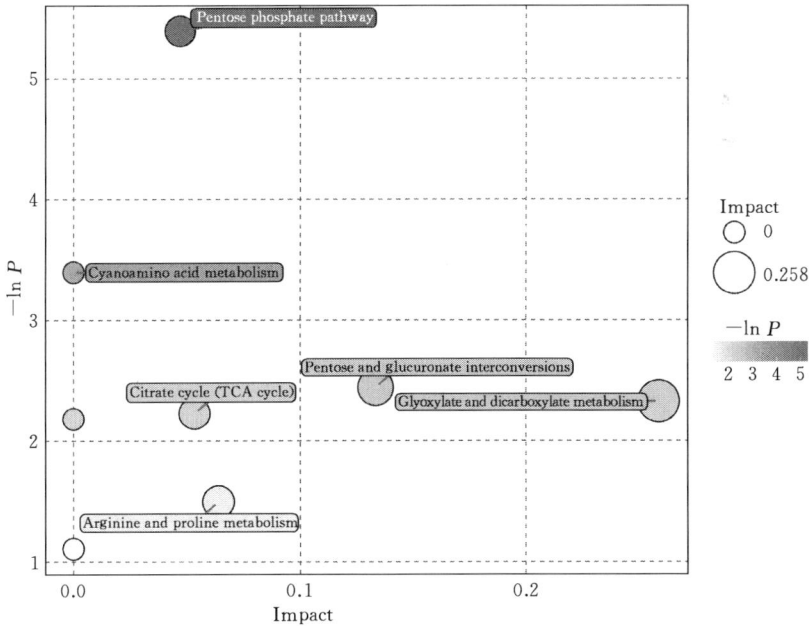

图 5-15　E＋PQQ 组与 E 组的通路分析

E：力竭运动干预组；E＋PQQ：力竭运动＋PQQ 干预组。

5.5　讨论

过度训练和运动性疲劳一直是运动相关研究的热点与难点，代谢组学则可以为全面理解运动性疲劳及其相关干预机制提供新的视角和有益平台。目前，运动方面，特别是运动性疲劳方面，关于代谢组学的报道还很少，而且由于实验设计、受试对象、运动方案等的不同，鉴别出的代谢标记物也各不相同，迫切需要投入更多的相关研究[250]。同时，关于 PQQ 作用机制的代谢组学研究也暂未见报道。因此，本研究采用代谢组学方法，探讨了 PQQ 对反复力竭运动小鼠血清代谢组的干预作用及可能机制。

通过组间两两比较发现，2 周反复力竭干预后，小鼠血清代谢组发生了异常变化；而补充 PQQ 后，与正常对照组比较接近，表明 PQQ 干预具有维持运动性疲劳机体内环境稳态的作用。反复力竭运动 E 组和正常对照 NC 组之间的差异代谢物较多，有柠檬酸、脯氨酸、延胡索酸、赖氨酸、苹果酸、丁二酸、2-脱氧-D-葡萄糖、N-乙酰-L-苯丙氨酸、来苏糖、木糖醇、丙二酸、甘油二酯、尿素等，涉及糖类、氨基酸、核酸、脂肪等诸多物质的代谢。E+PQQ 组与 E 组之间贡献较大的差异代谢物主要有柠檬酸、脯氨酸、苏糖酸、6-磷酸葡萄糖酸、N-乙酰-L-苯丙氨酸、木糖醇等 10 种。不难发现，柠檬酸、L-脯氨酸、木糖醇及 N-乙酰-L-苯丙氨酸为组间共有的 4 种差异化合物，主要参与三羧酸循环（TCA cycle）、戊糖和葡糖醛酸盐相互转化（Pentose and glucuronate interconversions）、乙醛酸和二羧酸盐代谢（Glyoxylate and dicarboxylate metabolism）、精氨酸与脯氨酸代谢（Arginine and proline metabolism）、苯丙氨酸代谢（Phenylalanine metabolism）等 5 条代谢通路。运动性疲劳模型中，柠檬酸、L-脯氨酸及 N-乙酰-L-苯丙氨酸等的血清水平升高，木糖醇下降；PQQ 的干预具有不同程度的回调作用。表明 PQQ 主要通过调节柠檬酸、L-脯氨酸、木糖醇及 N-乙酰-L-苯丙氨酸等 4 种代谢标志物及其所在代谢通路，发挥抗运动性疲劳作用。

柠檬酸是三羧酸循环途径及三羧酸循环支路乙醛酸循环中的重要化合物[251]。三羧酸循环在线粒体内进行，是脂类、氨基酸、糖类营养物质代谢联系的枢纽和最终通路，是运动过程中能量的主要来源[252]。运动性疲劳模型中，血清柠檬酸水平升高，表明疲劳导致了机体缺血缺氧，降低了线粒体功能，阻碍了三羧酸酸循环，抑制了 ATP 的产生，从而影响了其正常供能[253]。PQQ 干预后，回调了柠檬酸的血清水平，推测 PQQ 改善了线粒体功能，使三羧酸循环能够较为正常地进行，进而能更加有效地为机体提供能量。

N-乙酰-L-苯丙氨酸是苯丙氨酸代谢途径中的中间化合物。苯丙氨酸是人体的一种必需氨基酸，在体内主要转化为酪氨酸，进而合成肾上腺素、多巴胺等重要的激素和神经递质，影响神经系统功能[254,255]。N-乙酰-L-苯丙氨酸在苯丙氨酸代谢途径中的反应为：Acetyl-CoA+L-phenylalanine <=> CoA+N-acetyl-L-phenylalanine（https://www.kegg.jp/dbget-bin/www_bget?rn：R00693）。运动性疲劳中，N-乙酰-L-苯丙氨酸的代谢失调，必然会引起苯丙氨酸代谢受阻。而PQQ可能通过影响N-乙酰-L-苯丙氨酸参与的苯丙氨酸代谢途径，改善运动性疲劳过程中的神经系统功能。

脯氨酸主要参与的代谢途径为精氨酸与脯氨酸代谢。反复力竭干预后，血清脯氨酸水平升高，表明疲劳促进了精氨酸向脯氨酸转化。有研究发现，L-精氨酸在维持氮平衡、调节T细胞代谢、增强生存能力和抗肿瘤中具有重要作用[256]。因此，推测前期实验PQQ在运动疲劳中发挥抗炎性损伤作用，可能与抑制精氨酸向脯氨酸转化也有关。

木糖醇是糖代谢中糖醛酸途径的中间体，其关键反应式有：Xylitol+NAD+ <=> D-xylose+NADH+H+（https://www.kegg.jp/dbget-bin/www_bget? rn：R09477）。本研究发现，木糖醇为组间两两比较中共有的差异代谢物，且血清水平在组间变化幅度最大，MetPA数据库分析结果也显示木糖醇所参与的糖醛酸代谢途径影响值较高，表明糖醛酸代谢途径是PQQ作用相关性最高的代谢通路，而PQQ作用的可能靶点就是催化木糖醇合成反应的NADH脱氢酶。因此，本研究推测在运动性疲劳过程中，机体缺血缺氧，导致线粒体复合物Ⅰ，即NADH脱氢酶活性的降低，促使木糖醇消耗过大，血清水平显著异常；而PQQ可能直接作用于线粒体复合物Ⅰ，在NADH脱氢酶的催化反应中发挥作用，从而促使上述反应式转向木糖醇的合成，进而维持能够机体木糖醇代谢的平衡，使其在小鼠血清中的水平保持在比较正常的范围内。

因此，本部分实验研究表明运动性疲劳会诱发机体代谢紊乱，而PQQ在运动疲劳中具有维持正常血清代谢水平的重要作用，这种作用与其对柠檬酸、L-脯氨酸、木糖醇、N-乙酰-L-苯丙氨酸等标志物及所在代谢通路的调节密切相关，进一步验证其作用机制涉及线粒体功能的稳定，其作用靶点可能为线粒体复合物Ⅰ（图5-16）。本研究以代谢标志物的角度，分析PQQ抗运动性疲劳的代谢途径，对理解其作用机制具有一定的启发。

综上所述，结合前三章的实验研究结果，推测PQQ是通过直接调节线粒

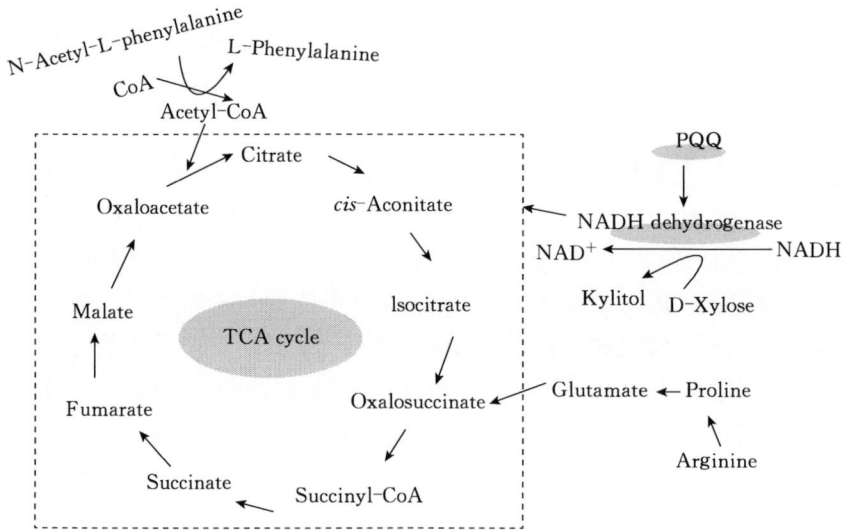

图 5-16　PQQ 抗运动性疲劳作用的代谢通路分析

体复合物Ⅰ的活性，从而稳定了线粒体功能，增加了 ATP 的合成，保证了机体的正常代谢和能量供应；与此同时，抑制了 ROS 的生成，下调了 ROS 介导的氧化应激，减轻了 NF-κB 参与的炎症反应，减少了细胞凋亡（图 5-17），进而预防与延缓了运动性疲劳的发生。

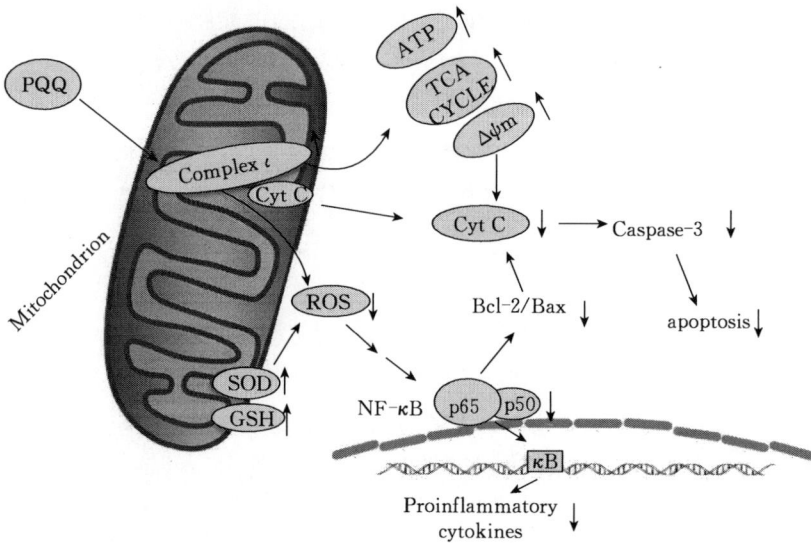

图 5-17　PQQ 抗运动性疲劳作用的可能机制

5.6 小结

本部分研究采用色谱-质谱联用的代谢组学技术,测试反复力竭游泳干预及补充一定剂量 PQQ 后小鼠血清代谢物的变化情况。结果显示 PQQ 主要通过调节柠檬酸、L-脯氨酸、木糖醇及 N-乙酰-L-苯丙氨酸等 4 种代谢标志物及其所在代谢通路,发挥抗运动性疲劳作用。其中,木糖醇为组间两两比较中共有的差异代谢物,且血清水平在组间变化幅度最大,表明糖醛酸代谢途径是 PQQ 作用相关性最高的代谢通路,进一步验证 PQQ 作用的靶细胞器为线粒体,作用的可能靶点为催化木糖醇合成反应的 NADH 脱氢酶。

参　考　文　献

［1］ Schwartz A. L. Fatigue mediates the effects of exercise on quality of life ［J］. Qual Life Res, 1999, 8 (6): 529－538.

［2］ Mancardi D., Tullio F., Crisafulli A., *et al*. Omega 3 has a beneficial effect on ischemia/reperfusion injury, but cannot reverse the effect of stressful forced exercise ［J］. Nutr Metab Cardiovasc Dis, 2009, 19 (1): 20－26.

［3］ Fang W., Li Z., Liu X. H., *et al*. ［effects of exhaustive exercise on the expression of phb1 and the function of mitochondria in rats］ ［J］. Zhongguo Ying Yong Sheng Li Xue Za Zhi, 2017, 33 (6): 544－549.

［4］ Chang Y., Yu T., Yang H., *et al*. Exhaustive exercise－induced cardiac conduction system injury and changes of ctnt and cx43 ［J］. Int J Sports Med, 2015, 36 (1): 1－8.

［5］ Batson G. Exercise－induced central fatigue: A review of the literature with implications for dance science research ［J］. J Dance Med Sci, 2013, 17 (2): 53－62.

［6］ Bucher E., Sandbakk O., Donath L., *et al*. Exercise－induced trunk fatigue decreases double poling performance in well－trained cross－country skiers ［J］. Eur J Appl Physiol, 2018, 118 (10): 2077－2087.

［7］ Chen R., Moriya J., Yamakawa J., *et al*. Traditional chinese medicine for chronic fatigue syndrome ［J］. Evid Based Complement Alternat Med, 2010, 7 (1): 3－10.

［8］ Raj D. A., Booker T. S., Belcastro A. N. Striated muscle calcium－stimulated cysteine protease (calpain－like) activity promotes myeloperoxidase activity with exercise ［J］. Pflugers Arch, 1998, 435 (6): 804－809.

［9］ Proske U., Morgan D. L. Muscle damage from eccentric exercise: Mechanism, mechanical signs, adaptation and clinical applications ［J］. J Physiol, 2001, 537 (Pt 2): 333－345.

［10］ Morgan D. L., Allen D. G. Early events in stretch－induced muscle damage ［J］. J Appl Physiol (1985), 1999, 87 (6): 2007－15.

［11］ Maron B. J., Shirani J., Poliac L. C., *et al*. Sudden death in young competitive athletes. Clinical, demographic, and pathological profiles ［J］. JAMA, 1996, 276 (3): 199－204.

［12］ Wang Y., Xu P., Wang Y., *et al*. The protection of salidroside of the heart against acute exhaustive injury and molecular mechanism in rat ［J］. Oxid Med Cell Longev,

2013：507832.

[13] Ping Z., Zhang L. F., Cui Y. J., et al. The protective effects of salidroside from exhaustive exercise - induced heart injury by enhancing the pgc - 1 alpha - nrf1/nrf2 pathway and mitochondrial respiratory function in rats [J]. Oxid Med Cell Longev, 2015：876825.

[14] Mohlenkamp S., Lehmann N., Breuckmann F., et al. Running：The risk of coronary events：Prevalence and prognostic relevance of coronary atherosclerosis in marathon runners [J]. Eur Heart J, 2008, 29 (15)：1903 - 1910.

[15] Richand V., Lafitte S., Reant P., et al. An ultrasound speckle tracking (two - dimensional strain) analysis of myocardial deformation in professional soccer players compared with healthy subjects and hypertrophic cardiomyopathy [J]. Am J Cardiol, 2007, 100 (1)：128 - 132.

[16] Baggish A. L., Yared K., Wang F., et al. The impact of endurance exercise training on left ventricular systolic mechanics [J]. Am J Physiol Heart Circ Physiol, 2008, 295 (3)：H1109 - H1116.

[17] Kim J. H., Malhotra R., Chiampas G., et al. Cardiac arrest during long - distance running races [J]. N Engl J Med, 2012, 366 (2)：130 - 140.

[18] Sheppard M. N. The fittest person in the morgue? [J]. Histopathology, 2012, 60 (3)：381 - 396.

[19] Kinoshita S., Yano H., Tsuji E. An increase in damaged hepatocytes in rats after high intensity exercise [J]. Acta Physiol Scand, 2003, 178 (3)：225 - 230.

[20] Aydin C., Ince E., Koparan S., et al. Protective effects of long term dietary restriction on swimming exercise - induced oxidative stress in the liver, heart and kidney of rat [J]. Cell Biochem Funct, 2007, 25 (2)：129 - 137.

[21] Davis J. M., Alderson N. L., Welsh R. S. Serotonin and central nervous system fatigue：Nutritional considerations [J]. Am J Clin Nutr, 2000, 72 (2 Suppl)：573S - 578S.

[22] Costill D. L., Hargreaves M. Carbohydrate nutrition and fatigue [J]. Sports Med, 1992, 13 (2)：86 - 92.

[23] Nybo L. Cns fatigue and prolonged exercise：Effect of glucose supplementation [J]. Med Sci Sports Exerc, 2003, 35 (4)：589 - 594.

[24] Powers S. K., Ji L. L., Leeuwenburgh C. Exercise training - induced alterations in skeletal muscle antioxidant capacity：A brief review [J]. Med Sci Sports Exerc, 1999, 31 (7)：987 - 997.

[25] Powers S. K., Deruisseau K. C., Quindry J., et al. Dietary antioxidants and exercise [J]. J Sports Sci, 2004, 22 (1)：81 - 94.

[26] Mankowski R. T., Anton S. D., Buford T. W., Leeuwenburgh C. Dietary

antioxidants as modifiers of physiologic adaptations to exercise ［J］. Medicine And Science In Sports And Exercise, 2015, 47 (9): 1857 - 1868.

［27］钟秀倩. 氧自由基与疾病 ［J］. 韶关学院学报（自然科学版），2006 (6): 87 - 90.

［28］Driver A. S., Kodavanti P. R., Mundy W. R. Age - related changes in reactive oxygen species production in rat brain homogenates ［J］. Neurotoxicol Teratol, 2000, 22 (2): 175 - 181.

［29］景亚武，易静，高飞，等. 活性氧：从毒性分子到信号分子——活性氧与细胞的增殖、分化和凋亡及其信号转导途径 ［J］. 细胞生物学杂志，2003 (4): 197 - 202.

［30］Valavanidis A., Vlahogianni T., Dassenakis M., et al. Molecular biomarkers of oxidative stress in aquatic organisms in relation to toxic environmental pollutants ［J］. Ecotoxicol Environ Saf, 2006, 64 (2): 178 - 189.

［31］Martindale J. L., Holbrook N. J. Cellular response to oxidative stress: Signaling for suicide and survival ［J］. J Cell Physiol, 2002, 192 (1): 1 - 15.

［32］Dillard C. J., Litov R. E., Savin W. M., et al. Effects of exercise, vitamin E, and ozone on pulmonary function and lipid peroxidation ［J］. J Appl Physiol Respir Environ Exerc Physiol, 1978, 45 (6): 927 - 932.

［33］Davies K. J., Quintanilha A. T., Brooks G. A., et al. Free radicals and tissue damage produced by exercise ［J］. Biochem Biophys Res Commun, 1982, 107 (4): 1198 - 1205.

［34］Morgan P. E., Dean R. T., Davies M. J. Protective mechanisms against peptide and protein peroxides generated by singlet oxygen ［J］. Free Radic Biol Med, 2004, 36 (4): 484 - 496.

［35］Li G., Feng X., Wang S. Effects of Cu/Zn superoxide dismutase on strain injury - induced oxidative damage to skeletal muscle in rats ［J］. Physiol Res, 2005, 54 (2): 193 - 199.

［36］张勇，时庆德，刘树森，等. 力竭性运动中肝脏线粒体电子漏对电子传递与质子转移偶联的影响 ［J］. 体育科学，1998 (6): 55 - 58.

［37］Ramos D., Martins E. G., Viana - Gomes D., et al. Biomarkers of oxidative stress and tissue damage released by muscle and liver after a single bout of swimming exercise ［J］. Appl Physiol Nutr Metab, 2013, 38 (5): 507 - 511.

［38］Kiyici F., Kishali N. F. Acute effect of intense exercises on serum superoxide dismutase, catalase and malondialdehyde levels in soccer players ［J］. J Sports Med Phys Fitness, 2012, 52 (1): 107 - 111.

［39］Silva J. R., Ascensao A., Marques F., et al. Neuromuscular function, hormonal and redox status and muscle damage of professional soccer players after a high - level competitive match ［J］. Eur J Appl Physiol, 2013, 113 (9): 2193 - 2201.

［40］Sacheck J. M., Milbury P. E., Cannon J. G., et al. Effect of vitamin E and eccentric exercise on selected biomarkers of oxidative stress in young and elderly men [J]. Free Radic Biol Med, 2003, 34 (12): 1575 – 1588.

[41] Mcanulty S. R., Mcanulty L. S., Nieman D. C., *et al*. Influence of carbohydrate ingestion on oxidative stress and plasma antioxidant potential following a 3h run [J]. Free Radic Res, 2003, 37 (8): 835 – 840.

[42] 张蕴琨, 焦颖, 郑书勤, 等. 力竭性游泳对小鼠脑、肝、肌组织自由基代谢和血清 ck、ldh 活性的影响 [J]. 中国运动医学杂志, 1995 (2): 69 – 72.

[43] 郭林, 平永忠, 曹建民, 等. 耐久性运动导致大鼠肾脏组织自由基代谢动态变化的研究 [J]. 中国体育科技, 2001 (2): 9 – 11.

[44] 隋波, 康健, 张虞毅, 等. 耐力运动对自由基、血清超氧化物歧化酶活性影响的研究 [J]. 山东体育学院学报, 2001 (3): 31 – 33.

[45] 丁树哲, 许豪文. 有氧运动与氧化物介导的调节 [J]. 天津体育学院学报, 2000 (1): 15 – 16.

[46] Phillips S. M., Tipton K. D., Aarsland A., *et al*. Mixed muscle protein synthesis and breakdown after resistance exercise in humans [J]. Am J Physiol, 1997, 273 (1 Pt 1): E99 – 107.

[47] 张雪琳. 关于运动性疲劳的氧自由基——脂质过氧化理论概述 [J]. 河北体育学院学报, 2000 (3): 67 – 71.

[48] Irrcher I., Hood D. A. Regulation of egr – 1, srf, and sp1mrna expression in contracting skeletal muscle cells [J]. J Appl Physiol (1985), 2004, 97 (6): 2207 – 2213.

[49] Bayol S., Brownson C., Loughna P. T. Electrical stimulation modulates igf binding protein transcript levels in c2c12 myotubes [J]. Cell Biochem Funct, 2005, 23 (5): 361 – 365.

[50] 邱国荣, 徐晓阳, 谢敏豪. 收缩引起骨骼肌细胞活性氧、IL – 6 含量及其基因表达的变化 [J]. 体育科学, 2009, 29 (11): 54 – 58.

[51] 潘红英, 徐晓阳, 刘承宜, 等. 电刺激 c2c12 细胞时活性氧生成的变化 [J]. 中国运动医学杂志, 2006 (1): 46 – 49.

[52] Davis J. M., Murphy E. A., Carmichael M. D., *et al*. Curcumin effects on inflammation and performance recovery following eccentric exercise – induced muscle damage [J]. Am J Physiol Regul Integr Comp Physiol, 2007, 292 (6): R2168 – R2173.

[53] Peake J. M., Suzuki K., Coombes J. S. The influence of antioxidant supplementation on markers of inflammation and the relationship to oxidative stress after exercise [J]. J Nutr Biochem, 2007, 18 (6): 357 – 371.

[54] Townsend J. R., Stout J. R., Jajtner A. R., *et al*. Resistance exercise increases intramuscular nf – kappab signaling in untrained males [J]. Eur J Appl Physiol, 2016, 116 (11 – 12): 2103 – 2111.

［55］ Vella L. , Caldow M. K. , Larsen A. E. , *et al*. Resistance exercise increases nf - kappab activity in human skeletal muscle ［J］. Am J Physiol Regul Integr Comp Physiol, 2012, 302 (6)：R667 - R673.

［56］ Rosa J. C. , Lira F. S. , Eguchi R. , *et al*. Exhaustive exercise increases inflammatory response via toll like receptor - 4 and nf - kappab p65 pathway in rat adipose tissue ［J］. J Cell Physiol, 2011, 226 (6)：1604 - 1607.

［57］ Li S. , Liu J. , Yan H. Medium - intensity acute exhaustive exercise induces neural cell apoptosis in the rat hippocampus ［J］. Neural Regen Res, 2013, 8 (2)：127 - 132.

［58］ Hoffman - Goetz L. , Quadrilatero J. Treadmill exercise in mice increases intestinal lymphocyte loss via apoptosis ［J］. Acta Physiol Scand, 2003, 179 (3)：289 - 297.

［59］ Goussetis E. , Spiropoulos A. , Tsironi M. , *et al*. Spartathlon, a 246 kilometer foot race：Effects of acute inflammation induced by prolonged exercise on circulating progenitor reparative cells ［J］. Blood Cells Mol Dis, 2009, 42 (3)：294 - 299.

［60］ Raizel R. , Leite J. S. , Hypolito T. M. , *et al*. Determination of the anti - inflammatory and cytoprotective effects of l - glutamine and l - alanine, or dipeptide, supplementation in rats submitted to resistance exercise ［J］. Br J Nutr, 2016, 116 (3)：470 - 479.

［61］ Choi M. , Park H. , Cho S. , *et al*. Vitamin D₃ supplementation modulates inflammatory responses from the muscle damage induced by high - intensity exercise in sd rats ［J］. Cytokine, 2013, 63 (1)：27 - 35.

［62］ Hollander J. , Fiebig R. , Gore M. , *et al*. Superoxide dismutase gene expression is activated by a single bout of exercise in rat skeletal muscle ［J］. Pflugers Archiv - European Journal of Physiology, 2001, 442 (3)：426 - 434.

［63］ Powers S. K. , Talbert E. E. , Adhihetty P. J. Reactive oxygen and nitrogen species as intracellular signals in skeletal muscle ［J］. Journal of Physiology - London, 2011, 589 (9)：2129 - 2138.

［64］ Kramer H. F. , Goodyear L. J. Exercise, mapk, and nf - kappab signaling in skeletal muscle ［J］. J Appl Physiol (1985), 2007, 103 (1)：388 - 395.

［65］ Cuevas M. J. , Almar M. , Garcia - Glez J. C. , *et al*. Changes in oxidative stress markers and nf - kappab activation induced by sprint exercise ［J］. Free Radic Res, 2005, 39 (4)：431 - 439.

［66］ Ji L. L. , Gomez - Cabrera M. C. , Steinhafel N. , *et al*. Acute exercise activates nuclear factor (nf) - kappab signaling pathway in rat skeletal muscle ［J］. FASEB J, 2004, 18 (13)：1499 - 1506.

［67］ Miyatake S. , Bilan P. J. , Pillon N. J. , *et al*. Contracting c2c12 myotubes release ccl2 in an nf - kappab - dependent manner to induce monocyte chemoattraction ［J］. Am J Physiol Endocrinol Metab, 2016, 310 (2)：E160 - 170.

［68］ Arslan S. , Erdem S. , Sivri A. , *et al*. Exercise‐induced apoptosis of rat skeletal muscle and the effect of meloxicam ［J］. Rheumatol Int, 2002, 21 (4)：133‐136.

［69］ Mooren F. C. , Bloming D. , Lechtermann A. , *et al*. Lymphocyte apoptosis after exhaustive and moderate exercise ［J］. J Appl Physiol (1985), 2002, 93 (1)：147‐153.

［70］ Huang C. C. , Lin T. J. , Chen C. C. , *et al*. Endurance training accelerates exhaustive exercise‐induced mitochondrial DNA deletion and apoptosis of left ventricle myocardium in rats ［J］. Eur J Appl Physiol, 2009, 107 (6)：697‐706.

［71］ Wu W. , Chang S. , Wu Q. , *et al*. Mitochondrial ferritin protects the murine myocardium from acute exhaustive exercise injury ［J］. Cell Death Dis, 2016, 7 (11)：e2475.

［72］ Sandri M. , Carraro U. , Podhorska‐Okolov M. , *et al*. Apoptosis, DNA damage and ubiquitin expression in normal and mdx muscle fibers after exercise ［J］. FEBS Lett, 1995, 373 (3)：291‐295.

［73］ Sandri M. , Podhorska‐Okolow M. , Geromel V. , *et al*. Exercise induces myonuclear ubiquitination and apoptosis in dystrophin‐deficient muscle of mice ［J］. J Neuropathol Exp Neurol, 1997, 56 (1)：45‐57.

［74］ 金其贯. 慢性力竭性训练对大鼠骨骼肌细胞凋亡的影响 ［J］. 体育与科学, 1999 (5)：23‐28＋56.

［75］ 王长青, 刘丽萍, 郑师陵, 等. 运动性疲劳时 Ca^{2+}、线粒体膜电位的改变与细胞凋亡 ［J］. 体育科学, 2000 (3)：59‐62＋65.

［76］ 李雷, 刘丽萍, 容仕霖, 等. 疲劳时大鼠肌、肝细胞 Ca^{2+}、sod/mda 比值变化与细胞凋亡的实验研究 ［J］. 北京体育大学学报, 2002 (6)：766‐768.

［77］ 常芸, 材福美, 吕丹云. 运动训练对内膜下心肌组织的影响 ［J］. 中国运动医学杂志, 1992 (1)：29‐31＋65.

［78］ 金其贯, 邓荣华, 李宁川, 等. 过度训练对大鼠心肌细胞凋亡的影响 ［J］. 中国运动医学杂志, 2000 (4)：356‐359.

［79］ 丁延峰, 张蔓蔓, 何瑞荣. 缺血预处理减轻在体家兔心肌细胞凋亡 ［J］. 生理学报, 2000 (3)：220‐224.

［80］ 刘丽萍, 李雷, 张爱芳, 等. 运动状态下血液生化指标的变化与细胞凋亡的实验研究 ［J］. 北京体育大学学报, 2002 (3)：334‐336.

［81］ Mars M. , Govender S. , Weston A. , *et al*. High intensity exercise：A cause of lymphocyte apoptosis? ［J］. Biochem Biophys Res Commun, 1998, 249 (2)：366‐70.

［82］ 陈渝宁, 张盈华, 张利朝, 等. 健康人跑步前后红细胞免疫功能的变化 ［J］. 中国运动医学杂志, 1999 (3)：226‐227.

［83］ 宋亚军, 王步标. 不同持续时间游泳后及恢复期小鼠红细胞免疫黏附肿瘤细胞能力的变化 ［J］. 中国运动医学杂志, 1999 (3)：245＋256＋247.

［84］ Sergent O. , Griffon B. , Morel I. , *et al*. Effect of nitric oxide on iron‐mediated oxidative stress in primary rat hepatocyte culture [J]. Hepatology, 1997, 25 (1): 122 - 7.

[85] 张勇, 李静先, 陈家琦, 等. 耗竭性运动对大鼠心肌线粒体内膜流动性和复合体 i 的影响 [J]. 生物化学与生物物理学报, 1995 (3): 337 - 340.

[86] 张勇, 张薇, 时庆德, 等. 急性运动心肌缺氧对大鼠心肌纤维和线粒体膜结构及功能的影响 [J]. 天津体育学院学报, 1997, (1): 20 - 24.

[87] 时庆德, 张勇, 文立, 等. 运动性疲劳的线粒体膜分子机制研究. Ⅱ. 运动性氧自由基代谢途径再探讨 [J]. 中国运动医学杂志, 2000 (1): 43 - 44＋55.

[88] 张勇, 文立, 聂金雷, 等. 运动性疲劳的线粒体膜分子机理研究. Ⅲ. 线粒体质子跨膜势能与运动性内源自由基生成的关系 [J]. 中国运动医学杂志, 2000 (4): 346 - 348＋367.

[89] 聂金雷, 蒋春笋, 张勇, 等. 运动性疲劳的线粒体膜分子机理研究. Ⅳ. 线粒体质子跨膜势能、质子漏与运动性内源活性氧生成的相互关系 [J]. 中国运动医学杂志, 2001 (2): 134 - 138.

[90] 沈生荣, 金超芳, 陈子元, 等. 茶多酚及其儿茶素单体对过氧化氢诱导的线粒体通透性改变孔道开放的影响 [J]. 生物化学与生物物理进展, 2001 (6): 890 - 894.

[91] 蒋春笋, 荣小辉, 时庆德, 等. 运动延缓衰老的可能机理: 活性氧生成对线粒体膜通透性转换的作用 [J]. 中国运动医学杂志, 2002 (4): 360 - 363＋412.

[92] Thompson D., Williams C., Kingsley M., et al. Muscle soreness and damage parameters after prolonged intermittent shuttle - running following acute vitamin C supplementation [J]. Int J Sports Med, 2001, 22 (1): 68 - 75.

[93] Miyazaki H., Oh - Ishi S., Ookawara T., et al. Strenuous endurance training in humans reduces oxidative stress following exhausting exercise [J]. European Journal of Applied Physiology, 2001, 84 (1 - 2): 1 - 6.

[94] 王长青, 刘丽萍, 李雷, 等. 游泳训练后大鼠骨骼肌细胞自由基代谢、线粒体膜电位变化与细胞凋亡的关系 [J]. 中国运动医学杂志, 2002 (3): 256 - 260.

[95] 韩春华, 王生, 王元勋. 胆红素对急性运动所致骨骼肌线粒体氧化应激的保护作用 [J]. 中国运动医学杂志, 2001 (1): 27 - 28＋34.

[96] 吉力立. 运动中自由基生成: 线粒体的作用 (英文) [J]. 天津体育学院学报, 2000 (1): 1 - 6.

[97] 宋志刚, 王德华. 质子漏及其在基础代谢中的作用 [J]. 生物化学与生物物理进展, 2001 (4): 474 - 477.

[98] 刘树森. 线粒体呼吸链的电子漏、质子漏与 "活性氧循环" 模型: 运动氧应激的新视点 [J]. 天津体育学院学报, 2000 (1): 7 - 11.

[99] 陈良怡, 邹寿彬, 康华光. 线粒体和细胞内钙自稳平衡 [J]. 生物化学与生物物理进展, 2000 (5): 483 - 488.

[100] 田野，李明华，张孙曦. 急性运动后大鼠骨骼肌线粒体～（45）Ca～（2＋）摄取的动力学观察［J］. 中国运动医学杂志，2001（2）：132－133.

[101] 伊木清，杨志勇，许葆华，等. 游泳训练和硒缺乏对大鼠血清睾酮及心肌线粒体钙流入的影响［J］. 中国运动医学杂志，2000（4）：353－355.

[102] 徐建兴，张勇. 线粒体合成 ATP 的效率及其与运动疲劳的相关性［J］. 天津体育学院学报，2000（1）：12－14.

[103] 文立. 线粒体能量转化效率、速率与运动能力［J］. 天津体育学院学报，2000（1）：20－22.

[104] 文立，蒋春笋，聂金雷，等. 线粒体呼吸链电子传递载体——辅酶 q 与运动能力［J］. 中国运动医学杂志，2001（1）：68－71.

[105] German J. B. , Bauman D. E. , Burrin D. G. , et al. Metabolomics in the opening decade of the 21st century：Building the roads to individualized health［J］. J Nutr, 2004，134（10）：2729－2732.

[106] Huang C. C. , Lin W. T. , Hsu F. L. , et al. Metabolomics investigation of exercise - modulated changes in metabolism in rat liver after exhaustive and endurance exercises［J］. Eur J Appl Physiol, 2010，108（3）：557－566.

[107] Ma H. , Liu X. , Wu Y. , et al. The intervention effects of acupuncture on fatigue induced by exhaustive physical exercises：A metabolomics investigation［J］. Evid Based Complement Alternat Med, 2015；508302.

[108] 张灏，高顺生. 运动性疲劳的研究进展［J］. 北京体育师范学院学报，2000（2）：72－77.

[109] Bailey S. P. , Davis J. M. , Ahlborn E. N. Neuroendocrine and substrate responses to altered brain 5 - ht activity during prolonged exercise to fatigue［J］. J Appl Physiol（1985），1993，74（6）：3006－3012.

[110] 姜涛. 运动员运动性疲劳的诊断与恢复措施［J］. 中国西部科技，2010，9（7）：51－52.

[111] 张佳，黄昌林. 中频脉冲电流经皮刺激肝区对运动性疲劳大鼠大脑皮质自由基及尼氏体的影响［J］. 解放军医学杂志，2015，40（4）：331－335.

[112] 代朋乙，黄昌林. 中频脉冲电流经皮刺激运动性疲劳士兵肝区对血清 gsh - px、sod、t - aoc 活性及 mda 含量的影响［J］. 解放军医学杂志，2014，39（3）：245－248.

[113] 陈祥塔，赖月波. 运动性疲劳的产生和消除［J］. 中国临床康复，2006，（48）：171－174.

[114] Bailey D. M. , Lawrenson L. , Mceneny J. , et al. Electron paramagnetic spectroscopic evidence of exercise - induced free radical accumulation in human skeletal muscle［J］. Free Radic Res, 2007，41（2）：182－190.

[115] Gravina L. , Ruiz F. , Diaz E. , et al. Influence of nutrient intake on antioxidant capacity, muscle damage and white blood cell count in female soccer players［J］. J Int Soc Sports Nutr, 2012，9（1）：32.

[116] Silva L. A. , Silveira P. C. , Ronsani M. M. , et al. Taurine supplementation decreases

oxidative stress in skeletal muscle after eccentric exercise [J]. Cell Biochem Funct, 2011, 29 (1): 43-49.

[117] Petersen A. C., Mckenna M. J., Medved I., *et al*. Infusion with the antioxidant n-acetylcysteine attenuates early adaptive responses to exercise in human skeletal muscle [J]. Acta Physiol (Oxf), 2012, 204 (3): 382-392.

[118] Kerksick C., Willoughby D. The antioxidant role of glutathione and n-acetyl-cysteine supplements and exercise-induced oxidative stress [J]. Journal of the International Society of Sports Nutrition, 2005, 2.

[119] Taghiyar M., Darvishi L., Askari G., *et al*. The effect of vitamin C and E supplementation on muscle damage and oxidative stress in female athletes: A clinical trial [J]. Int J Prev Med, 2013, 4 (Suppl 1): S16-23.

[120] Zoppi C. C., Hohl R., Silva F. C., *et al*. Vitamin C and E supplementation effects in professional soccer players under regular training [J]. Journal of the International Society of Sports Nutrition, 2006, 3.

[121] Mcginley C., Shafat A., Donnelly A. E. Does antioxidant vitamin supplementation protect against muscle damage? [J]. Sports Medicine, 2009, 39 (12): 1011-1032.

[122] Khoshfetrat M. R., Mohammadi F., Mortazavi S., *et al*. The effect of iron-vitamin c co-supplementation on biomarkers of oxidative stress in iron-deficient female youth [J]. Biol Trace Elem Res, 2013, 153 (1-3): 171-177.

[123] Savory L. A., Kerr C. J., Whiting P., *et al*. Selenium supplementation and exercise: Effect on oxidant stress in overweight adults [J]. Obesity (Silver Spring), 2012, 20 (4): 794-801.

[124] 吴丽君，郭新明，张俊峰. 番茄红素及运动对人体血清自由基代谢的影响 [J]. 体育科学, 2008 (2): 47-53.

[125] Djordjevic B., Baralic I., Kotur-Stevuljevic J., *et al*. Effect of astaxanthin supplementation on muscle damage and oxidative stress markers in elite young soccer players [J]. J Sports Med Phys Fitness, 2012, 52 (4): 382-392.

[126] Dalla Corte C. L., De Carvalho N. R., Amaral G. P., *et al*. Antioxidant effect of organic purple grape juice on exhaustive exercise [J]. Applied Physiology Nutrition and Metabolism, 2013, 38 (5): 558-565.

[127] Wu R. E., Huang W. C., Liao C. C., *et al*. Resveratrol protects against physical fatigue and improves exercise performance in mice [J]. Molecules, 2013, 18 (4): 4689-4702.

[128] Daneshvar P., Hariri M., Ghiasvand R., *et al*. Effect of eight weeks of quercetin supplementation on exercise performance, muscle damage and body muscle in male badminton players [J]. Int J Prev Med, 2013, 4 (Suppl 1): S53-57.

［129］徐彤彤，吕祥威，姚艳敏. 茶多酚对力竭运动小鼠心肌 NADPH 氧化酶及活性氧代谢的影响 ［J］. 中国医院药学杂志，2011，31（3）：211 - 213.

［130］Jowko E. , Sacharuk J. , Balasinska B. , et al. Green tea extract supplementation gives protection against exercise - induced oxidative damage in healthy men ［J］. Nutr Res，2011，31（11）：813 - 821.

［131］池爱平，熊正英，陈锦屏. 补充不同剂量姜黄素对运动大鼠心肌和骨骼肌组织自由基损伤及力竭运动时间的影响 ［J］. 中国运动医学杂志，2006（3）：342 - 343.

［132］Cooke M. , Iosia M. , Buford T. , et al. Effects of acute and 14 - day coenzyme q10 supplementation on exercise performance in both trained and untrained individuals ［J］. J Int Soc Sports Nutr，2008，5：8.

［133］李洁，陈莉. 肉碱对运动训练大鼠肝脏细胞线粒体电子传递链及氧自由基代谢的影响 ［J］. 生理学报，2012，64（4）：463 - 468.

［134］Ochoa J. J. , Diaz - Castro J. , Kajarabille N. , et al. Melatonin supplementation ameliorates oxidative stress and inflammatory signaling induced by strenuous exercise in adult human males ［J］. J Pineal Res，2011，51（4）：373 - 380.

［135］Liu L. , Wu X. , Zhang B. , et al. Protective effects of tea polyphenols on exhaustive exercise - induced fatigue, inflammation and tissue damage ［J］. Food Nutr Res，2017，61（1）：1333390.

［136］Das S. , Lin H. S. , Ho P. C. , et al. The impact of aqueous solubility and dose on the pharmacokinetic profiles of resveratrol ［J］. Pharm Res，2008，25（11）：2593 - 2600.

［137］Menshikova E. V. , Ritov V. B. , Fairfull L. , et al. Effects of exercise on mitochondrial content and function in aging human skeletal muscle ［J］. J Gerontol A Biol Sci Med Sci，2006，61（6）：534 - 540.

［138］Dorta D. J. , Pigoso A. A. , Mingatto F. E. , et al. Antioxidant activity of flavonoids in isolated mitochondria ［J］. Phytother Res，2008，22（9）：1213 - 1218.

［139］Hauge J. G. Glucose dehydrogenase of bacterium anitratum：An enzyme with a novel prosthetic group ［J］. J Biol Chem，1964，239：3630 - 3639.

［140］Salisbury S. A. , Forrest H. S. , Cruse W. B. , et al. A novel coenzyme from bacterial primary alcohol dehydrogenases ［J］. Nature，1979，280（5725）：843 - 844.

［141］Duine J. A. , Frank J. , Jr. Studies on methanol dehydrogenase from hyphomicrobium x. Isolation of an oxidized form of the enzyme ［J］. Biochem J，1980，187（1）：213 - 219.

［142］Kasahara T. , Kato T. Nutritional biochemistry：A new redox - cofactor vitamin for mammals ［J］. Nature，2003，422（6934）：832.

［143］Bishop A. , Gallop P. M. , Karnovsky M. L. Pyrroloquinoline quinone：A novel vitamin? ［J］. Nutr Rev，1998，56（10）：287 - 293.

[144] Killgore J. , Smidt C. , Duich L. , et al. Nutritional importance of pyrroloquinoline quinone [J]. Science, 1989, 245 (4920): 850 – 852.

[145] Steinberg F. M. , Gershwin M. E. , Rucker R. B. Dietary pyrroloquinoline quinone: Growth and immune response in balb/c mice [J]. J Nutr, 1994, 124 (5): 744 – 753.

[146] Xu F. , Mack C. P. , Quandt K. S. , et al. Pyrroloquinoline quinone acts with flavin reductase to reduce ferryl myoglobin in vitro and protects isolated heart from re – oxygenation injury [J]. Biochem Biophys Res Commun, 1993, 193 (1): 434 – 439.

[147] Tao R. , Karliner J. S. , Simonis U. , et al. Pyrroloquinoline quinone preserves mitochondrial function and prevents oxidative injury in adult rat cardiac myocytes [J]. Biochem Biophys Res Commun, 2007, 363 (2): 257 – 262.

[148] Liu Z. , Sun C. , Tao R. , et al. Pyrroloquinoline quinone decelerates rheumatoid arthritis progression by inhibiting inflammatory responses and joint destruction via modulating nf – kappab and mapk pathways [J]. Inflammation, 2016, 39 (1): 248 – 256.

[149] Azizi A. , Azizi S. , Heshmatian B. , et al. Improvement of functional recovery of transected peripheral nerve by means of chitosan grafts filled with vitamin E, pyrroloquinoline quinone and their combination [J]. International Journal of Surgery, 2014, 12 (1): 76 – 82.

[150] He B. , Tao H. , Wei A. , et al. [pyrroloquinoline quinone inhibited oxidative stress induced – apoptosis of schwann cells via mitochondrial apoptotic signaling pathway in vitro] [J]. Zhonghua Zheng Xing Wai Ke Za Zhi, 2017, 33 (1): 43 – 48.

[151] Duine J. A. Cofactor diversity in biological oxidations: Implications and applications [J]. Chem Rec, 2001, 1 (1): 74 – 83.

[152] Kumazawa T. , Sato K. , Seno H. , et al. Levels of pyrroloquinoline quinone in various foods [J]. Biochem J, 1995, 307 (Pt 2): 331 – 333.

[153] Smidt C. R. , Bean – Knudsen D. , Kirsch D. G. , et al. Does the intestinal microflora synthesize pyrroloquinoline quinone? [J]. Biofactors, 1991, 3 (1): 53 – 59.

[154] Morris C. J. , Biville F. , Turlin E. , et al. Isolation, phenotypic characterization, and complementation analysis of mutants of methylobacterium extorquens am1 unable to synthesize pyrroloquinoline quinone and sequences of pqqd, pqqg, and pqqc [J]. J Bacteriol, 1994, 176 (6): 1746 – 55.

[155] Kumazawa T. , Seno H. , Urakami T. , et al. Trace levels of pyrroloquinoline quinone in human and rat samples detected by gas chromatography/mass spectrometry [J]. Biochim Biophys Acta, 1992, 1156 (1): 62 – 66.

[156] Mitchell A. E. , Jones A. D. , Mercer R. S. , et al. Characterization of pyrroloquinoline quinone amino acid derivatives by electrospray ionization mass spectrometry and detection in human milk [J]. Anal Biochem, 1999, 269 (2): 317 – 325.

[157] Matsushita K. , Toyama H. , Yamada M. , et al. Quinoproteins: Structure, function, and biotechnological applications [J]. Appl Microbiol Biotechnol, 2002, 58 (1): 13 - 22.

[158] Mukai K. , Ouchi A. , Nagaoka S. , et al. Pyrroloquinoline quinone (pqq) is reduced to pyrroloquinoline quinol (pqqh2) by vitamin C, and pqqh2 produced is recycled to pqq by air oxidation in buffer solution at ph 7. 4 [J]. Biosci Biotechnol Biochem, 2016, 80 (1): 178 - 187.

[159] Rucker R. , Chowanadisai W. , Nakano M. Potential physiological importance of pyrroloquinoline quinone [J]. Altern Med Rev, 2009, 14 (3): 268 - 277.

[160] Stites T. E. , Mitchell A. E. , Rucker R. B. Physiological importance of quinoenzymes and the o - quinone family of cofactors [J]. J Nutr, 2000, 130 (4): 719 - 727.

[161] Mukai K. , Ouchi A. , Nakano M. Kinetic study of the quenching reaction of singlet oxygen by pyrroloquinolinequinol (pqqh (2), a reduced form of pyrroloquinolinequinone) in micellar solution [J]. J Agric Food Chem, 2011, 59 (5): 1705 - 1712.

[162] Zhu B. Q. , Zhou H. Z. , Teerlink J. R. , et al. Pyrroloquinoline quinone (pqq) decreases myocardial infarct size and improves cardiac function in rat models of ischemia and ischemia/reperfusion [J]. Cardiovasc Drugs Ther, 2004, 18 (6): 421 - 431.

[163] Zhu B. Q. , Simonis U. , Cecchini G. , et al. Comparison of pyrroloquino line quinone and/or metoprolol on myocardial infarct size and mitochondrial damage in a rat model of ischemia/reperfusion injury [J]. J Cardiovasc Pharmacol Ther, 2006, 11 (2): 119 - 128.

[164] Zhang Y. , Feustel P. J. , Kimelberg H. K. Neuroprotection by pyrroloquinoline quinone (pqq) in reversible middle cerebral artery occlusion in the adult rat [J]. Brain Res, 2006, 1094 (1): 200 - 206.

[165] Jensen F. E. , Gardner G. J. , Williams A. P. , et al. The putative essential nutrient pyrroloquinoline quinone is neuroprotective in a rodent model of hypoxic/ischemic brain injury [J]. Neuroscience, 1994, 62 (2): 399 - 406.

[166] Ohwada K. , Takeda H. , Yamazaki M. , et al. Pyrroloquinoline quinone (pqq) prevents cognitive deficit caused by oxidative stress in rats [J]. J Clin Biochem Nutr, 2008, 42: 29 - 34.

[167] Pandey S. , Singh A. , Kumar P. , et al. Probiotic escherichia coli cfr 16 producing pyrroloquinoline quinone (pqq) ameliorates 1, 2 - dimethylhydrazine - induced oxidative damage in colon and liver of rats [J]. Appl Biochem Biotechnol, 2014, 173 (3): 775 - 786.

[168] Kumar N. , Kar A. Pyrroloquinoline quinone (pqq) has potential to ameliorate streptozotocin - induced diabetes mellitus and oxidative stress in mice: A histopathological and biochemical study [J]. Chemico - Biological Interactions, 2015,

240：278-290.

[169] Singh A. K., Pandey S. K., Saha G., et al. Pyrroloquinoline quinone (pqq) producing escherichia coli nissle 1917 (ecn) alleviates age associated oxidative stress and hyperlipidemia, and improves mitochondrial function in ageing rats [J]. Experimental Gerontology, 2015, 66：1-9.

[170] Yang C., Yu L., Kong L., et al. Pyrroloquinoline quinone (pqq) inhibits lipopolysaccharide induced inflammation in part via downregulated nf-kappab and p38/jnk activation in microglial and attenuates microglia activation in lipopolysaccharide treatment mice [J]. PLoS One, 2014, 9 (10)：e109502.

[171] Chowanadisai W., Bauerly K. A., Tchaparian E., et al. Pyrroloquinoline quinone stimulates mitochondrial biogenesis through camp response element - binding protein phosphorylation and increased pgc - 1 alpha expression [J]. Journal of Biological Chemistry, 2010, 285 (1)：142-152.

[172] Stites T., Storms D., Bauerly K., et al. Pyrroloquinoline quinone modulates mitochondrial quantity and function in mice [J]. J Nutr, 2006, 136 (2)：390-396.

[173] Rasbach K. A., Schnellmann R. G. Isoflavones promote mitochondrial biogenesis [J]. J Pharmacol Exp Ther, 2008, 325 (2)：536-543.

[174] Baur J. A., Pearson K. J., Price N. L., et al. Resveratrol improves health and survival of mice on a high - calorie diet [J]. Nature, 2006, 444 (7117)：337-342.

[175] Liu Z., Sun L., Zhu L., et al. Hydroxytyrosol protects retinal pigment epithelial cells from acrolein - induced oxidative stress and mitochondrial dysfunction [J]. J Neurochem, 2007, 103 (6)：2690-2700.

[176] Smidt C. R., Unkefer C. J., Houck D. R., et al. Intestinal absorption and tissue distribution of [14c] pyrroloquinoline quinone in mice [J]. Proc Soc Exp Biol Med, 1991, 197 (1)：27-31.

[177] Bauerly K. A., Storms D. H., Harris C. B., et al. Pyrroloquinoline quinone nutritional status alters lysine metabolism and modulates mitochondrial DNA content in the mouse and rat [J]. Biochim Biophys Acta, 2006, 1760 (11)：1741-1748.

[178] Chowanadisai W., Bauerly K. A., Tchaparian E., et al. Pyrroloquinoline quinone stimulates mitochondrial biogenesis through camp response element - binding protein phosphorylation and increased pgc - 1alpha expression [J]. J Biol Chem, 2010, 285 (1)：142-152.

[179] Tchaparian E., Marshal L., Cutler G., et al. Identification of transcriptional networks responding to pyrroloquinoline quinone dietary supplementation and their influence on thioredoxin expression, and the jak/stat and mapk pathways [J]. Biochemical Journal, 2010, 429：515-526.

［180］ Scanlon J. M. , Aizenman E. , Reynolds I. J. Effects of pyrroloquinoline quinone on glutamate – induced production of reactive oxygen species in neurons ［J］. Eur J Pharmacol, 1997, 326 (1): 67 – 74.

［181］ Wallace D. C. Mitochondrial diseases in man and mouse ［J］. Science, 1999, 283 (5407): 1482 – 1488.

［182］ Guan S. , Xu J. , Guo Y. , *et al*. Pyrroloquinoline quinone against glutamate – induced neurotoxicity in cultured neural stem and progenitor cells ［J］. Int J Dev Neurosci, 2015, 42: 37 – 45.

［183］ Zhang P. , Ye Y. , Qian Y. , *et al*. The effect of pyrroloquinoline quinone on apoptosis and autophagy in traumatic brain injury ［J］. CNS Neurol Disord Drug Targets, 2017, 16 (6): 724 – 736.

［184］ Yang L. , Rong Z. , Zeng M. , *et al*. Pyrroloquinoline quinone protects nucleus pulposus cells from hydrogen peroxide – induced apoptosis by inhibiting the mitochondria – mediated pathway ［J］. Eur Spine J, 2015, 24 (8): 1702 – 1710.

［185］ Huang Y. Q. , Chen N. , Miao D. S. Pyrroloquinoline quinone plays an important role in rescuing bmi – 1 (–/–) mice induced developmental disorders of teeth and mandible – anti – oxidant effect of pyrroloquinoline quinone ［J］. American Journal of Translational Research, 2018, 10 (1): 40 – 53.

［186］ Steinberg F. , Stites T. E. , Anderson P. , *et al*. Pyrroloquinoline quinone improves growth and reproductive performance in mice fed chemically defined diets ［J］. Exp Biol Med (Maywood), 2003, 228 (2): 160 – 166.

［187］ Naito Y. , Kumazawa T. , Kino I. , *et al*. Effects of pyrroloquinoline quinone (pqq) and pqq – oxazole on DNA synthesis of cultured human fibroblasts ［J］. Life Sci, 1993, 52 (24): 1909 – 1915.

［188］ Malaguti M. , Baldini M. , Angeloni C. , *et al*. High – protein – pufa supplementation, red blood cell membranes, and plasma antioxidant activity in volleyball athletes ［J］. Int J Sport Nutr Exerc Metab, 2008, 18 (3): 301 – 312.

［189］ Thelen M. H. , Simonides W. S. , Van Hardeveld C. Electrical stimulation of c2c12 myotubes induces contractions and represses thyroid – hormone – dependent transcription of the fast – type sarcoplasmic – reticulum Ca^{2+} – atpase gene ［J］. Biochem J, 1997, 321 (Pt 3): 845 – 848.

［190］ Nikolic N. , Gorgens S. W. , Thoresen G. H. , *et al*. Electrical pulse stimulation of cultured skeletal muscle cells as a model for in vitro exercise – possibilities and limitations ［J］. Acta Physiologica, 2017, 220 (3): 310 – 331.

［191］ Burch N. , Arnold A. S. , Item F. , *et al*. Electric pulse stimulation of cultured murine muscle cells reproduces gene expression changes of trained mouse muscle ［J］.

Plos One，2010，5（6）.

[192] Pan H. , Xu X. , Hao X. , *et al*. Changes of myogenic reactive oxygen species and interleukin‐6 in contracting skeletal muscle cells [J]. Oxid Med Cell Longev，2012：145418.

[193] Saborido A. , Naudi A. , Portero‐Otin M. , *et al*. Stanozolol treatment decreases the mitochondrial ros generation and oxidative stress induced by acute exercise in rat skeletal muscle [J]. J Appl Physiol (1985)，2011，110（3）：661‐669.

[194] Kim H. , Park S. , Han D. S. , *et al*. Octacosanol supplementation increases running endurance time and improves biochemical parameters after exhaustion in trained rats [J]. J Med Food，2003，6（4）：345‐351.

[195] Coombes J. S. , Mcnaughton L. R. Effects of branched‐chain amino acid supplementation on serum creatine kinase and lactate dehydrogenase after prolonged exercise [J]. J Sports Med Phys Fitness，2000，40（3）：240‐246.

[196] Misra H. S. , Khairnar N. P. , Barik A. , *et al*. Pyrroloquinoline‐quinone：A reactive oxygen species scavenger in bacteria [J]. FEBS Lett，2004，578（1‐2）：26‐30.

[197] Hirakawa A. , Shimizu K. , Fukumitsu H. , *et al*. Pyrroloquinoline quinone attenuates inos gene expression in the injured spinal cord [J]. Biochem Biophys Res Commun，2009，378（2）：308‐312.

[198] Zhang Q. , Shen M. , Ding M. , *et al*. The neuroprotective action of pyrroloquinoline quinone against glutamate‐induced apoptosis in hippocampal neurons is mediated through the activation of pi3k/akt pathway [J]. Toxicology And Applied Pharmacology，2011，252（1）：62‐72.

[199] Gasparini C. , Celeghini C. , Monasta L. , *et al*. . Nf‐kappab pathways in hematological malignancies [J]. Cell Mol Life Sci，2014，71（11）：2083‐2102.

[200] Hwang S. J. , Lee H. J. Phenyl‐beta‐d‐glucopyranoside exhibits anti‐inflammatory activity in lipopolysaccharide‐activated raw 264. 7 cells [J]. Inflammation，2015，38（3）：1071‐1079.

[201] Kang C. , Shin W. S. , Yeo D. , *et al*. Anti‐inflammatory effect of avenanthramides via nf‐kappab pathways in c2c12 skeletal muscle cells [J]. Free Radic Biol Med，2018，117：30‐36.

[202] Jimenez‐Jimenez R. , Cuevas M. J. , Almar M. , *et al*. Eccentric training impairs nf‐kappab activation and over‐expression of inflammation‐related genes induced by acute eccentric exercise in the elderly [J]. Mech Ageing Dev，2008，129（6）：313‐21.

[203] Bustamante M. , Fernandez‐Verdejo R. , Jaimovich E. , *et al*. Electrical stimulation induces il‐6 in skeletal muscle through extracellular atp by activating Ca^{2+} signals and an il‐6 autocrine loop [J]. Am J Physiol Endocrinol Metab，2014，306（8）：E869‐

882.

[204] Li Y. , Xia J. , Jiang N. , et al. Corin protects H_2O_2 - induced apoptosis through pi3k/akt and nf - kappab pathway in cardiomyocytes [J]. Biomed Pharmacother, 2018, 97: 594 - 599.

[205] Lagranha C. J. , Hirabara S. M. , Curi R. , et al. Glutamine supplementation prevents exercise - induced neutrophil apoptosis and reduces p38 mapk and jnk phosphorylation and p53 and caspase 3 expression [J]. Cell Biochem Funct, 2007, 25 (5): 563 - 569.

[206] Thomas D. P. , Marshall K. I. Effects of repeated exhaustive exercise on myocardial subcellular membrane structures [J]. Int J Sports Med, 1988, 9 (4): 257 - 260.

[207] Fu X. , Ji R. , Dam J. Antifatigue effect of coenzyme q10 in mice [J]. J Med Food, 2010, 13 (1): 211 - 215.

[208] Li X. D. , Sun G. F. , Zhu W. B. , et al. Effects of high intensity exhaustive exercise on sod, mda, and no levels in rats with knee osteoarthritis [J]. Genetics and Molecular Research, 2015, 14 (4): 12367 - 12376.

[209] Xu F. , Yu H. , Liu J. , et al. Pyrroloquinoline quinone inhibits oxygen/glucose deprivation - induced apoptosis by activating the pi3k/akt pathway in cardiomyocytes [J]. Mol Cell Biochem, 2014, 386 (1 - 2): 107 - 115.

[210] Jia D. , Duan F. , Peng P. , et al. Pyrroloquinoline - quinone suppresses liver fibrogenesis in mice [J]. PLoS One, 2015, 10 (3): e0121939.

[211] Nishigori H. , Yasunaga M. , Mizumura M. , et al. Preventive effects of pyrroloquinoline quinone on formation of cataract and decline of lenticular and hepatic glutathione of developing chick embryo after glucocorticoid treatment [J]. Life Sci, 1989, 45 (7): 593 - 598.

[212] Misra H. S. , Rajpurohit Y. S. , Khairnar N. P. Pyrroloquinoline - quinone and its versatile roles in biological processes [J]. J Biosci, 2012, 37 (2): 313 - 325.

[213] Ghormade P. S. , Kumar N. B. , Tingne C. V. , et al. Distribution & diagnostic efficacy of cardiac markers ck - mb & ldh in pericardial fluid for postmortem diagnosis of ischemic heart disease [J]. J Forensic Leg Med, 2014, 28: 42 - 46.

[214] Bartolomei S. , Sadres E. , Church D. D. , et al. Comparison of the recovery response from high - intensity and high - volume resistance exercise in trained men [J]. Eur J Appl Physiol, 2017, 117 (7): 1287 - 1298.

[215] Powers S. K. , Nelson W. B. , Hudson M. B. Exercise - induced oxidative stress in humans: Cause and consequences [J]. Free Radic Biol Med, 2011, 51 (5): 942 - 950.

[216] Apple F. S. Clinical and analytical standardization issues confronting cardiac troponin i [J]. Clin Chem, 1999, 45 (1): 18 - 20.

[217] La Gerche A. , Burns A. T. , Mooney D. J. , et al. Exercise - induced right

ventricular dysfunction and structural remodelling in endurance athletes [J]. Eur Heart J, 2012, 33 (8): 998 - 1006.

[218] Dawson E. A., Whyte G. P., Black M. A., et al. Changes in vascular and cardiac function after prolonged strenuous exercise in humans [J]. J Appl Physiol (1985), 2008, 105 (5): 1562 - 1568.

[219] Chakraborty J. B., Mann D. A. Nf - kappab signalling: Embracing complexity to achieve translation [J]. J Hepatol, 2010, 52 (2): 285 - 291.

[220] Balan M., Locke M. Acute exercise activates myocardial nuclear factor kappa b [J]. Cell Stress & Chaperones, 2011, 16 (1): 105 - 111.

[221] Grimm T., Schneider S., Naschberger E., et al. Ebv latent membrane protein - 1 protects b cells from apoptosis by inhibition of bax [J]. Blood, 2005, 105 (8): 3263 - 3269.

[222] Wu R., Tang S., Wang M., et al. Microrna - 497 induces apoptosis and suppresses proliferation via the bcl - 2/bax - caspase9 - caspase3 pathway and cyclin d2 protein in huvecs [J]. PLoS One, 2016, 11 (12): e0167052.

[223] Gajewski M., Rzodkiewicz P., Maslinski S. The human body as an energetic hybrid? New perspectives for chronic disease treatment? [J]. Reumatologia, 2017, 55 (2): 94 - 99.

[224] Jong C. J., Ito T., Prentice H., et al. Role of mitochondria and endoplasmic reticulum in taurine - deficiency - mediated apoptosis [J]. Nutrients, 2017, 9 (8).

[225] Aoi W., Naito Y., Yoshikawa T. Potential role of oxidative protein modification in energy metabolism in exercise [J]. Subcell Biochem, 2014, 77: 175 - 187.

[226] Newcomer B. R., Sirikul B., Hunter G. R., et al. Exercise over - stress and maximal muscle oxidative metabolism: A 31p magnetic resonance spectroscopy case report [J]. Br J Sports Med, 2005, 39 (5): 302 - 306.

[227] Shi Q. D., Zhang Y., Chen J. Q., et al. Electron leak causes proton leak in skeletal muscle mitochondria in exercise - induced fatigue [J]. Sheng Wu Hua Xue Yu Sheng Wu Wu Li Xue Bao (Shanghai), 1999, 31 (1): 97 - 100.

[228] Busquets - Cortes C., Capo X., Martorell M., et al. Training and acute exercise modulates mitochondrial dynamics in football players' blood mononuclear cells [J]. Eur J Appl Physiol, 2017, 117 (10): 1977 - 1987.

[229] Feldkamp T., Kribben A., Weinberg J. M. Assessment of mitochondrial membrane potential in proximal tubules after hypoxia - reoxygenation [J]. Am J Physiol Renal Physiol, 2005, 288 (6): F1092 - 1102.

[230] Buzhynskyy N., Sens P., Prima V., et al. Rows of ATP synthase dimers in native mitochondrial inner membranes [J]. Biophys J, 2007, 93 (8): 2870 - 2876.

[231] Wallace D. C. A mitochondrial paradigm of metabolic and degenerative diseases, aging, and cancer: A dawn for evolutionary medicine [J]. Annu Rev Genet, 2005, 39: 359 - 407.

[232] Lin M. T. , Beal M. F. Mitochondrial dysfunction and oxidative stress in neurodegenerative diseases [J]. Nature, 2006, 443 (7113): 787 - 795.

[233] Koopman W. J. , Willems P. H. , Smeitink J. A. Monogenic mitochondrial disorders [J]. N Engl J Med, 2012, 366 (12): 1132 - 1141.

[234] Breuer M. E. , Koopman W. J. , Koene S. , et al. The role of mitochondrial oxphos dysfunction in the development of neurologic diseases [J]. Neurobiol Dis, 2013, 51: 27 - 34.

[235] Sun M. , Qian F. , Shen W. , et al. Mitochondrial nutrients stimulate performance and mitochondrial biogenesis in exhaustively exercised rats [J]. Scand J Med Sci Sports, 2012, 22 (6): 764 - 775.

[236] Cascante M. , Marin S. Metabolomics and fluxomics approaches [J]. Essays Biochem, 2008, 45: 67 - 81.

[237] Guo C. , Ma J. , Zhong Q. , et al. Curcumin improves alcoholic fatty liver by inhibiting fatty acid biosynthesis [J]. Toxicol Appl Pharmacol, 2017, 328: 1 - 9.

[238] Chen M. , Shen M. , Li Y. , et al. Gc - ms - based metabolomic analysis of human papillary thyroid carcinoma tissue [J]. Int J Mol Med, 2015, 36 (6): 1607 - 1614.

[239] Garcia A. , Barbas C. Gas chromatography - mass spectrometry (gc - ms) - based metabolomics [J]. Methods Mol Biol, 2011, 708: 191 - 204.

[240] Dunn W. B. , Broadhurst D. , Begley P. , et al. Procedures for large - scale metabolic profiling of serum and plasma using gas chromatography and liquid chromatography coupled to mass spectrometry [J]. Nature Protocols, 2011, 6 (7): 1060 - 1083.

[241] Jolliffe I. Principal component analysis [M]. Wiley Online Library, 2002.

[242] Wiklund S. , Johansson E. , Sjostrom L. , et al. Visualization of gc/tof - ms - based metabolomics data for identification of biochemically interesting compounds using opls class models [J]. Analytical Chemistry, 2008, 80 (1): 115 - 122.

[243] Trygg J. , Wold S. Orthogonal projections to latent structures (o - pls) [J]. Journal of Chemometrics, 2002, 16 (3): 119 - 128.

[244] Gromski P. S. , Xu Y. , Kotze H. L. , et al. Influence of missing values substitutes on multivariate analysis of metabolomics data [J]. Metabolites, 2014, 4 (2): 433 - 452.

[245] Gu J. W. , Pitz M. , Breitner S. , et al. Selection of key ambient particulate variables for epidemiological studies - applying cluster and heatmap analyses as tools for data reduction [J]. Science of the Total Environment, 2012, 435: 541 - 550.

[246] Kolde R. Pheatmap: Pretty heatmaps [J]. R package version, 2012, 61.

[247] Kanehisa M. , Goto S. Kegg: Kyoto encyclopedia of genes and genomes [J]. Nucleic

Acids Research，2000，28（1）：27 – 30.

[248] Kanehisa M. ，Sato Y. ，Kawashima M. ，*et al*. Kegg as a reference resource for gene and protein annotation [J]. Nucleic Acids Research，2016，44（D1）：D457 – D462.

[249] Xia J. ，Sinelnikov I. V. ，Han B. ，*et al*. Metaboanalyst 3. 0 – making metabolomics more meaningful [J]. Nucleic Acids Res，2015，43（W1）：W251 – 257.

[250] Miao X. ，Xiao B. ，Shui S. ，*et al*. Metabolomics analysis of serum reveals the effect of danggui buxue tang on fatigued mice induced by exhausting physical exercise [J]. J Pharm Biomed Anal，2018，151：301 – 309.

[251] Gomez – Pinilla F. ，Zhuang Y. ，Feng J. ，*et al*. Exercise impacts brain – derived neurotrophic factor plasticity by engaging mechanisms of epigenetic regulation [J]. Eur J Neurosci，2011，33（3）：383 – 390.

[252] Nakao S. ，Moriyama S. ，Segawa M. ，*et al*. C2 – ceramide inhibits the prostaglandin e2 – induced accumulation of camp in human gingival fibroblasts [J]. Biomed Res，2010，31（2）：97 – 103.

[253] Bowtell J. L. ，Marwood S. ，Bruce M. ，*et al*. Tricarboxylic acid cycle intermediate pool size：Functional importance for oxidative metabolism in exercising human skeletal muscle [J]. Sports Med，2007，37（12）：1071 – 1088.

[254] Van De Rest O. ，Van Der Zwaluw N. L. ，De Groot L. C. Literature review on the role of dietary protein and amino acids in cognitive functioning and cognitive decline [J]. Amino Acids，2013，45（5）：1035 – 1045.

[255] Wu C. R. ，Lin H. C. ，Su M. H. Reversal by aqueous extracts of cistanche tubulosa from behavioral deficits in alzheimer′s disease – like rat model：Relevance for amyloid deposition and central neurotransmitter function [J]. BMC Complement Altern Med，2014，14：202.

[256] Geiger R. ，Rieckmann J. C. ，Wolf T. ，*et al*. L – arginine modulates T cell metabolism and enhances survival and anti – tumor activity [J]. Cell，2016，167（3）：829 – 842.

图书在版编目（CIP）数据

吡咯喹啉醌抗运动性疲劳作用及机制研究／刘丽霞
著 . —北京：中国农业出版社，2023.8
ISBN 978 - 7 - 109 - 31067 - 4

Ⅰ.①吡… Ⅱ.①刘… Ⅲ.①化合物—作用—运动性
疲劳—研究 Ⅳ.①G804.7

中国国家版本馆 CIP 数据核字（2023）第 169205 号

中国农业出版社出版
地址：北京市朝阳区麦子店街 18 号楼
邮编：100125
责任编辑：肖 邦 王金环
版式设计：杨 婧 责任校对：吴丽婷
印刷：北京印刷一厂
版次：2023 年 8 月第 1 版
印次：2023 年 8 月北京第 1 次印刷
发行：新华书店北京发行所
开本：700mm×1000mm 1/16
印张：10.75 插页：6
字数：206 千字
定价：65.00 元

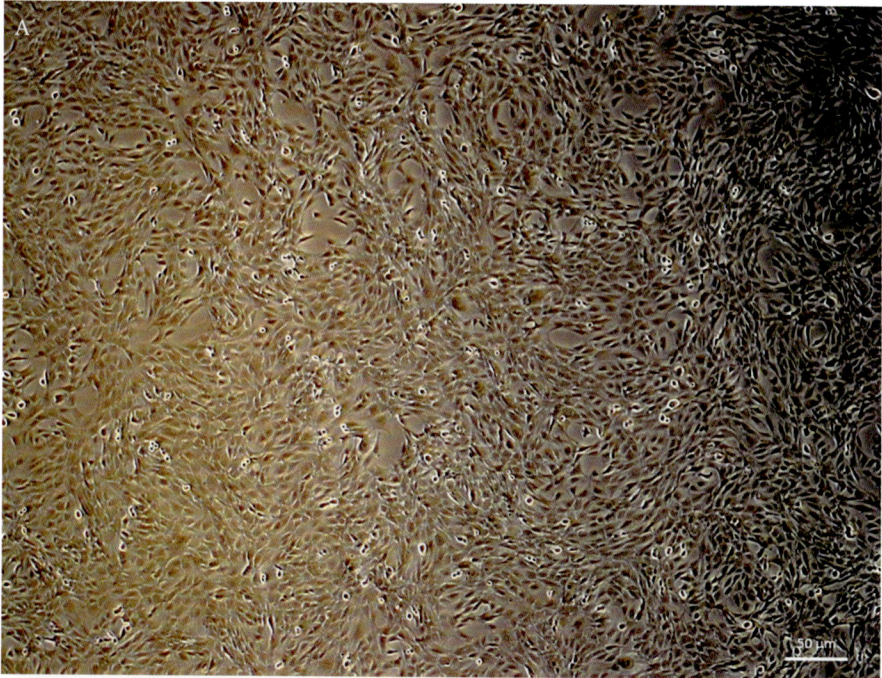

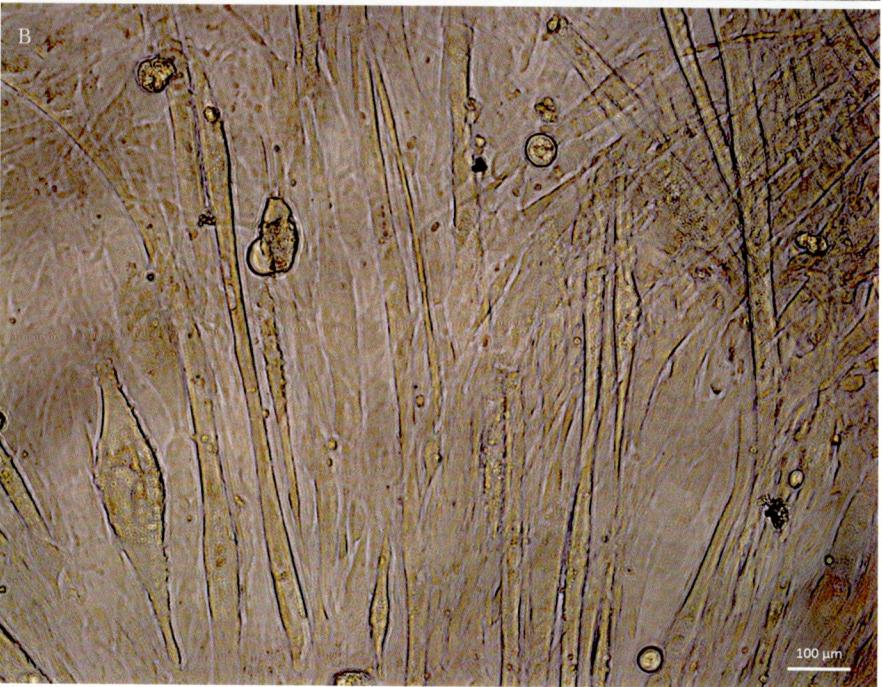

图 2 - 3　正常的 C2C12 细胞和分化 6 d 的肌管

A：正常的 C2C12 细胞；B：分化 6 d 的肌管。

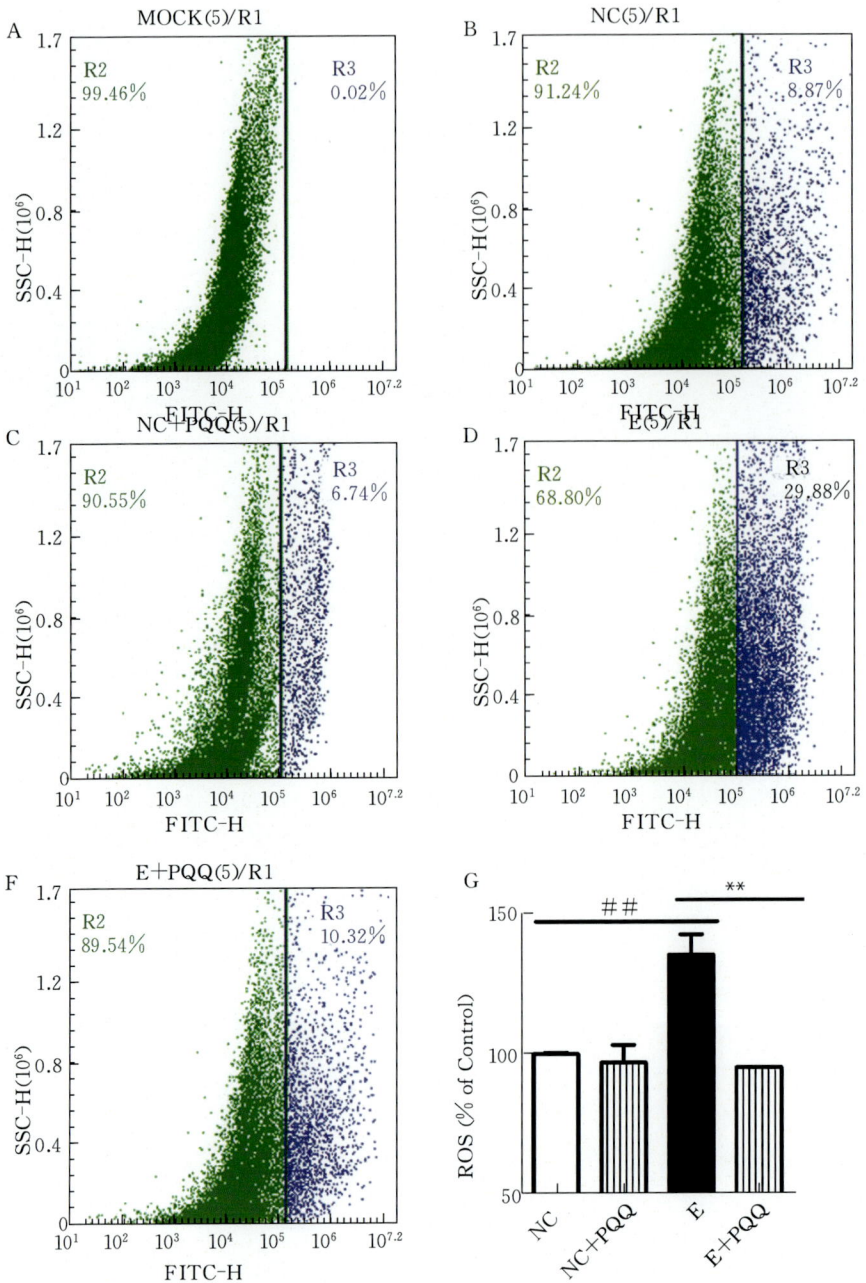

图 2-9 PQQ 对电刺激肌管 ROS 的影响

ROS：氧自由基；Control：正常对照；A～F：流式细胞仪检测结果；G：酶标仪检测结果；A：空白对照组；B：正常对照组；C：PQQ 干预；D：电刺激干预；F：电刺激＋PQQ 干预；NC：正常对照组；E：电刺激组；＃＃：$P<0.01$，与 NC 组相比；＊＊：$P<0.01$，与 E 组相比。

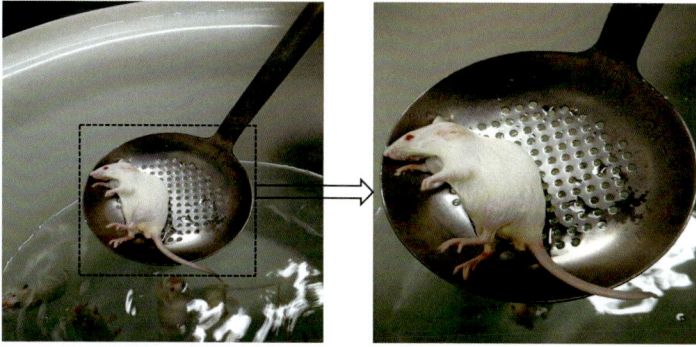

图 3-1　力竭小鼠

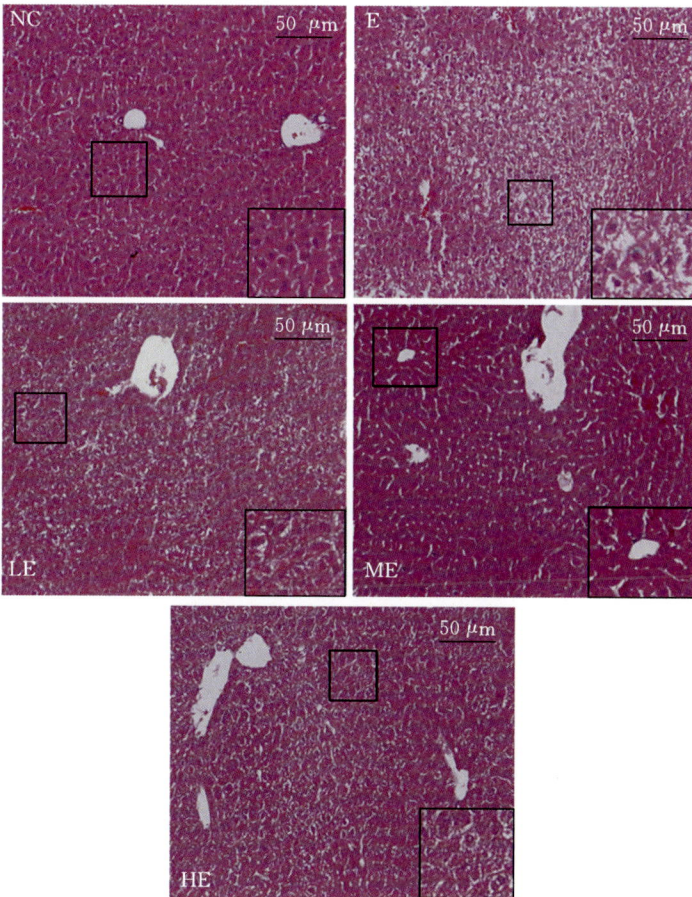

图 3-6　PQQ 对小鼠肝组织形态的影响

NC：正常无干预组；E：力竭游泳组；LE、ME 和 HE：力竭游泳＋5、10 和 20 mg/kg PQQ 干预组。

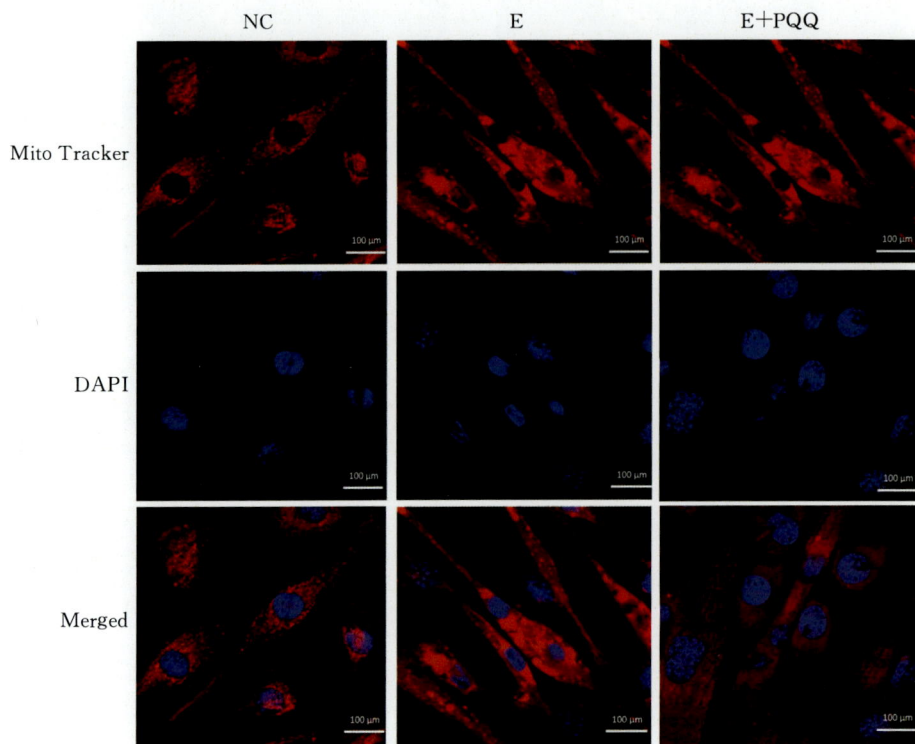

图 4-1 PQQ 对电刺激肌管线粒体形态的影响

MitoTracker：线粒体红色荧光探针；DAPI：细胞核染料；NC：正常对照；E：电刺激；E＋PQQ：电刺激＋PQQ 干预。

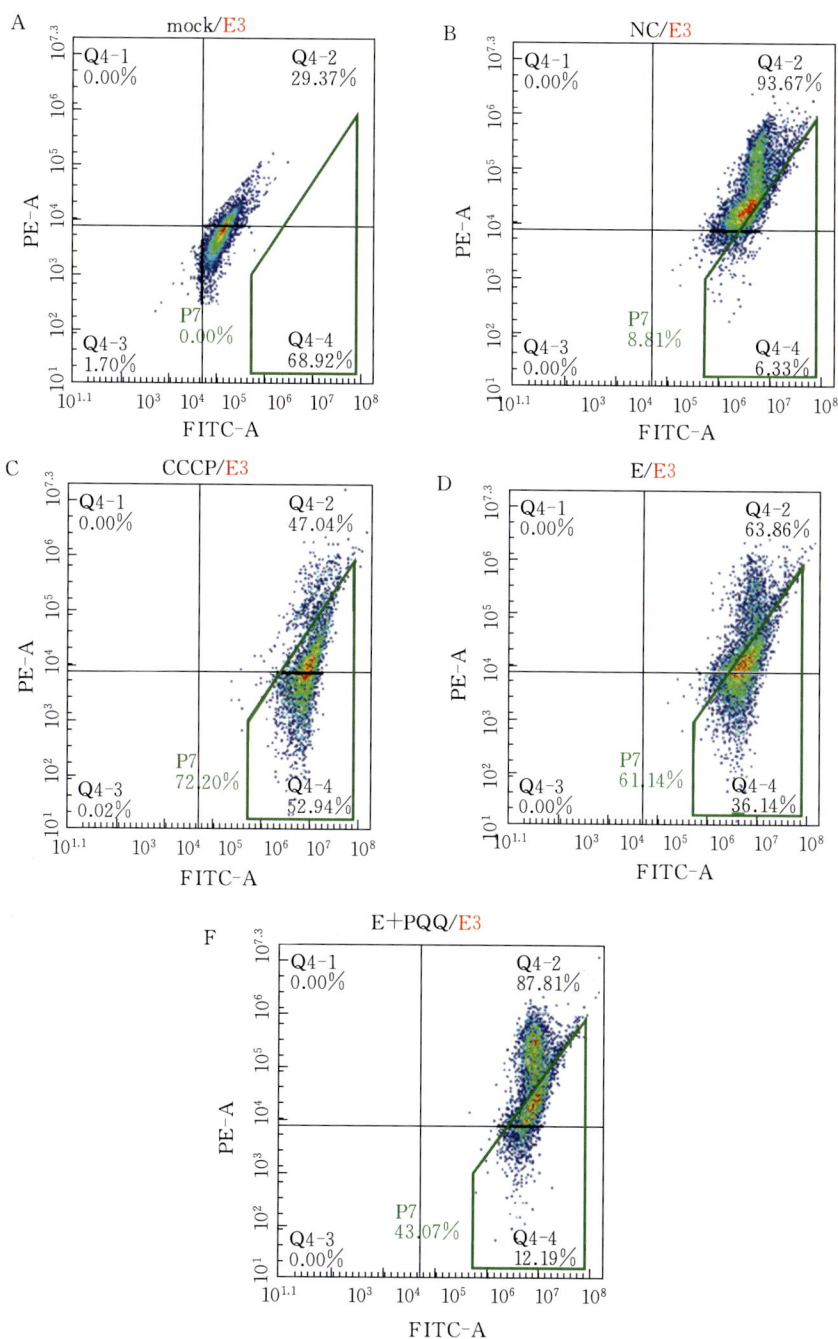

图 4-2　PQQ 对电刺激肌管线粒体膜电位的影响

FITC：绿色荧光；PE：藻红色荧光；A：空白对照组；B：正常对照组；C：CCCP 诱导的阳性对照；D：电刺激干预；F：电刺激＋PQQ 干预。

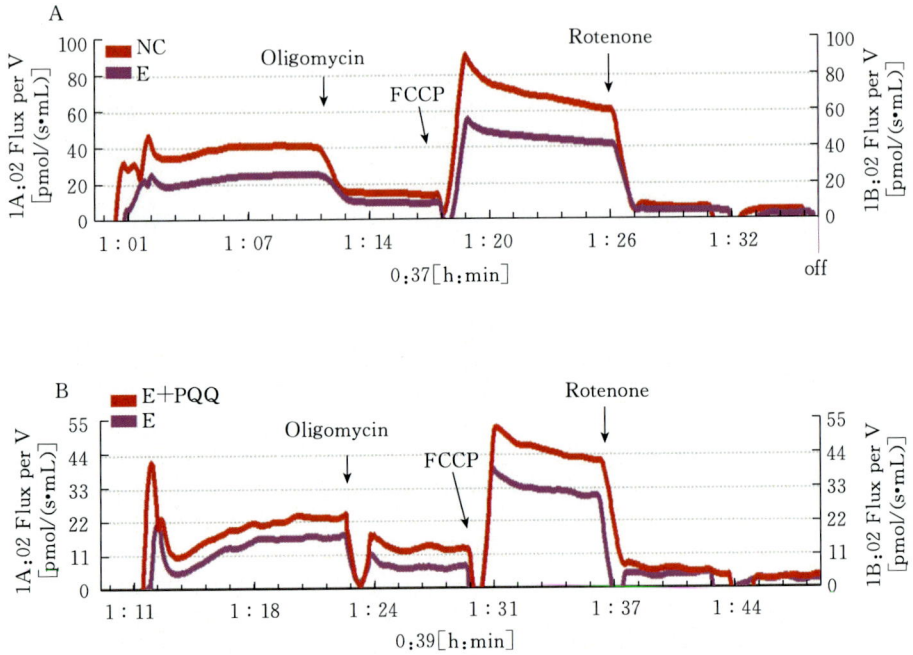

图 4-3　PQQ 对电刺激肌管线粒体呼吸功能的影响

Oligomycin：寡霉素；FCCP：线粒体氧化磷酸化解偶联剂；Rotenone：鱼藤酮；A：E 组与 NC 组；B：E+PQQ 组与 E 组；NC：正常对照组；E：电刺激组；E+PQQ：电刺激+PQQ 干预组。

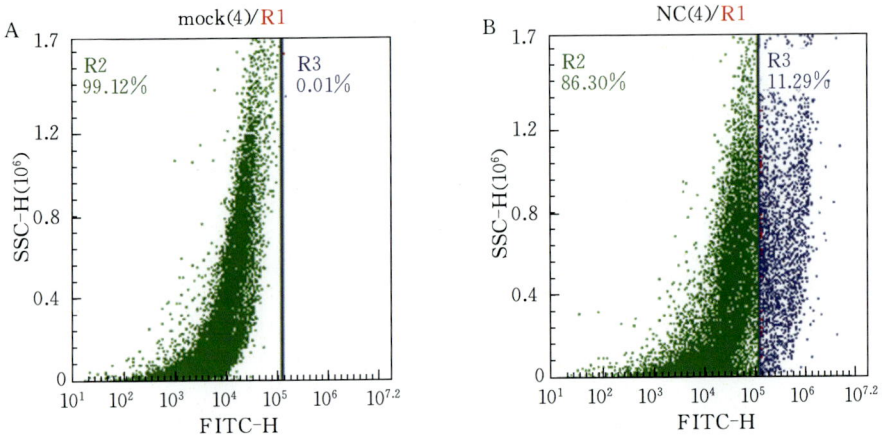

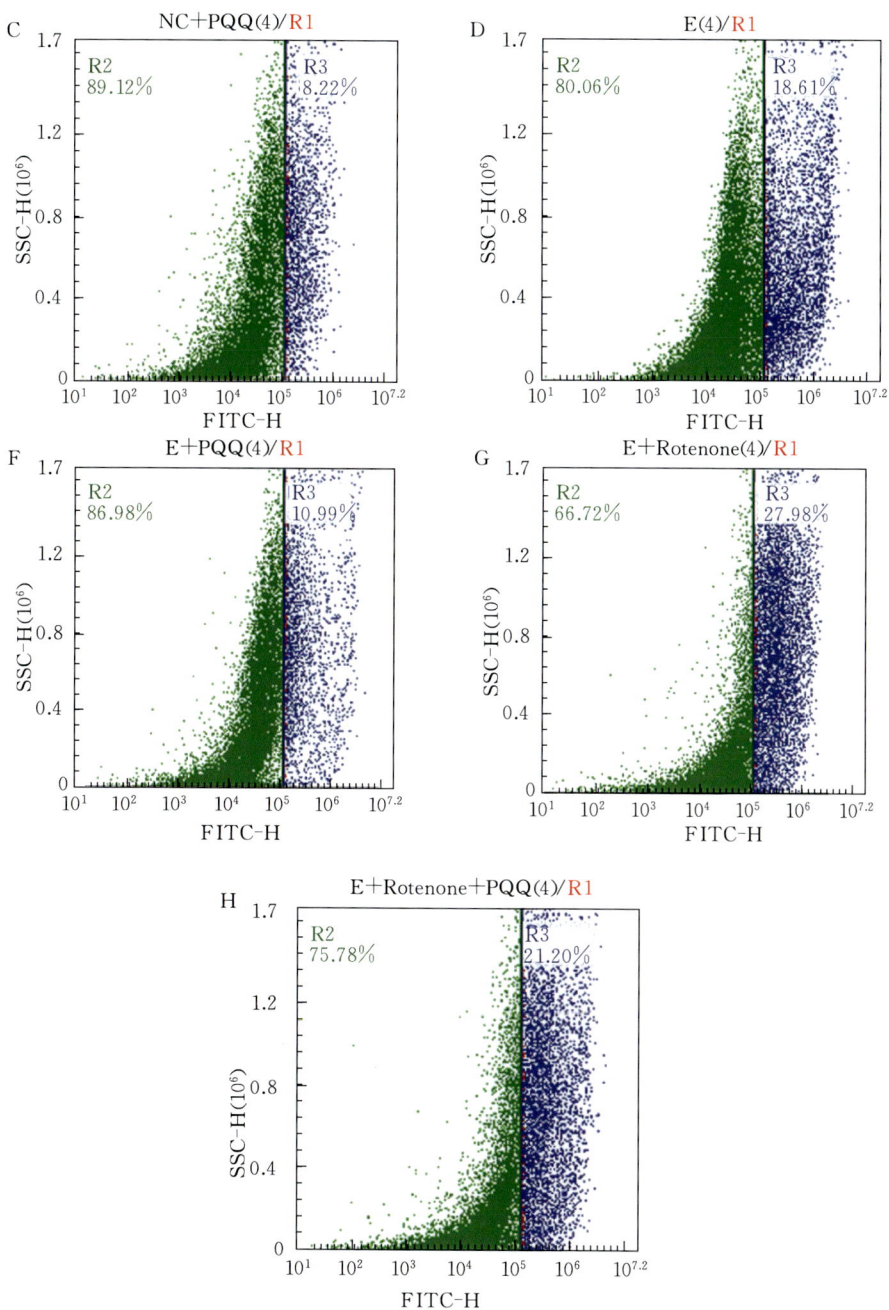

图 4-6　线粒体复合物 I 抑制剂对电刺激肌管 ROS 生成的影响及 PQQ 的作用

A：空白对照组；B：正常对照组；C：PQQ 干预；D：电刺激干预；F：电刺激＋PQQ 干预；G：电刺激＋鱼藤酮干预；H：电刺激＋鱼藤酮干预＋PQQ 干预组。

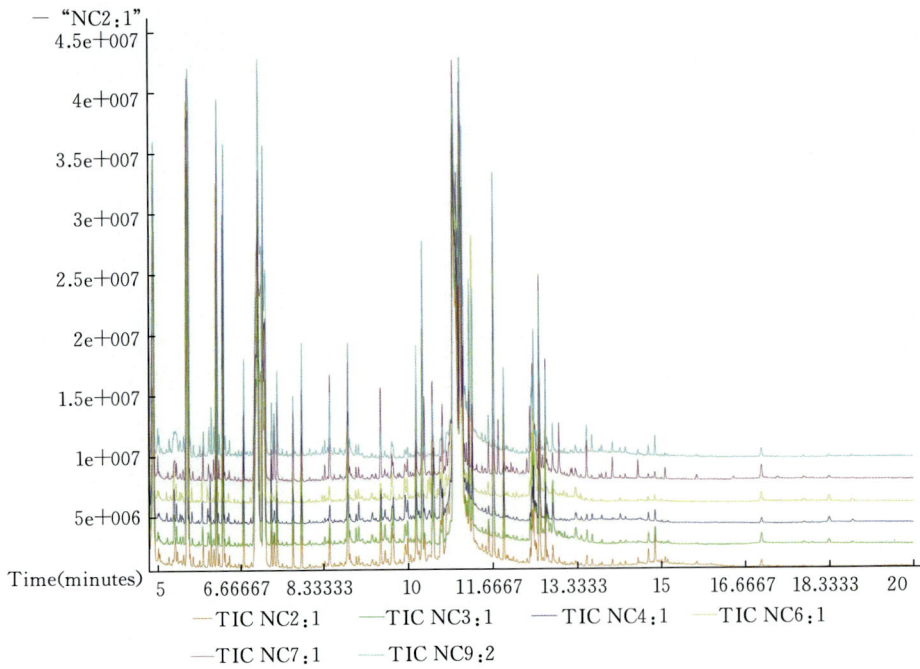

图 5 - 2　正常对照组血清样本的 GC - TOFMS 离子流

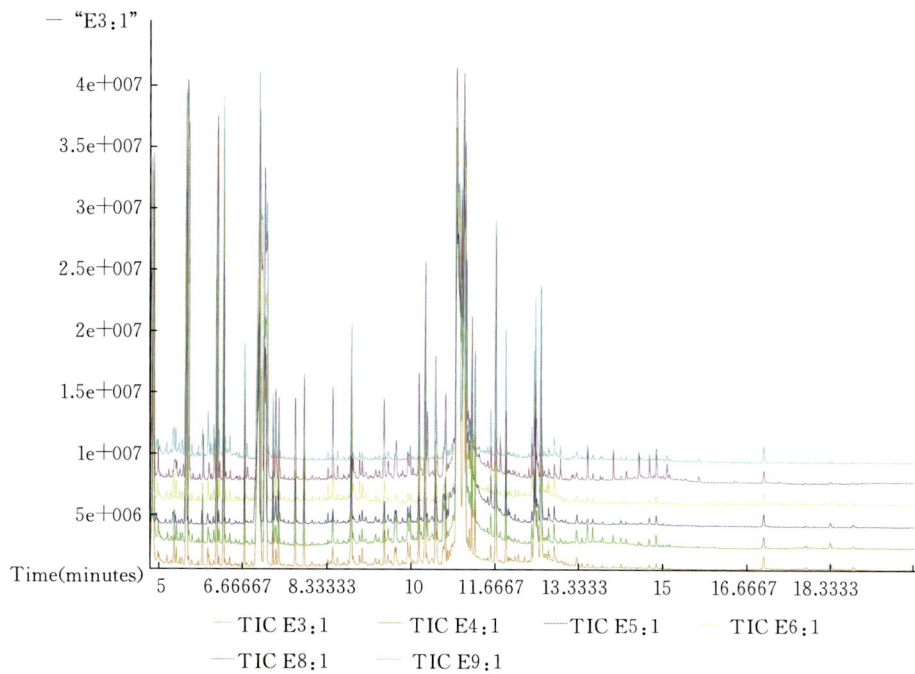

图 5-3　E 组血清样本的 GC-TOFMS 离子流

E 组：力竭游泳干预组。

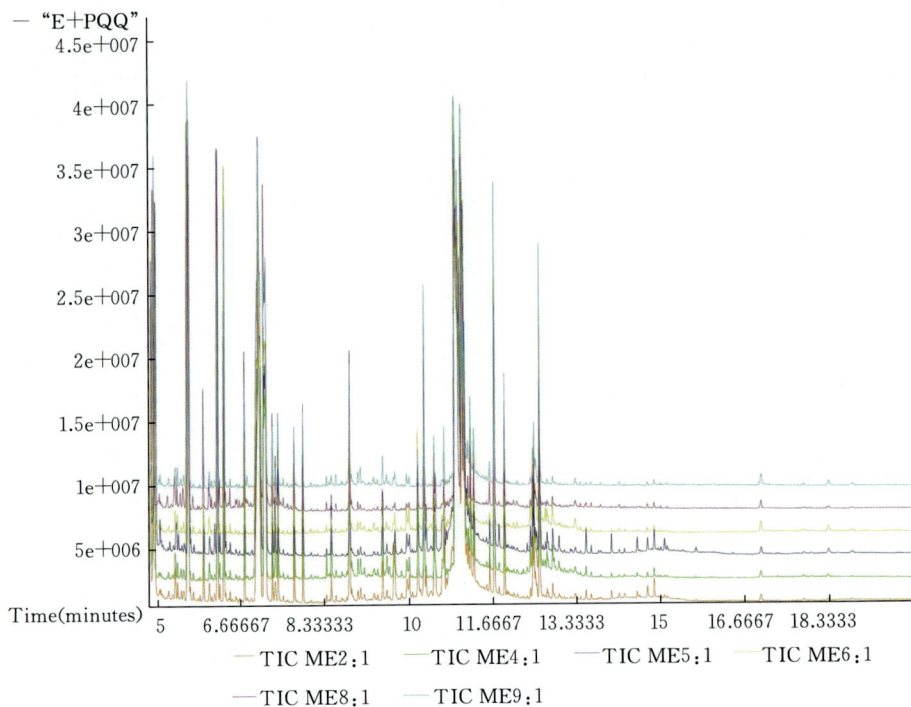

图 5 - 4 E+PQQ 组血清样本的 GC - TOFMS 离子流

E+PQQ 组：力竭游泳+PQQ 干预组。

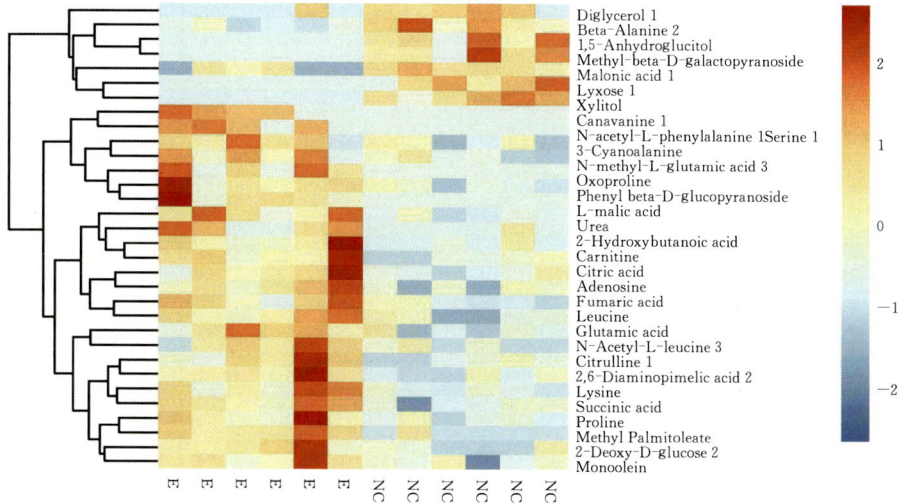

图 5-12　E组与NC组的层次聚类分析热力图

NC：正常无干预组；E：力竭运动干预组。

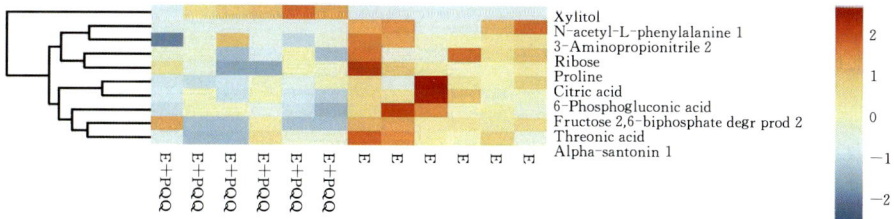

图 5-13　E＋PQQ组与E组的层次聚类分析热力图

E：力竭运动干预组；E＋PQQ：力竭运动＋PQQ干预组。

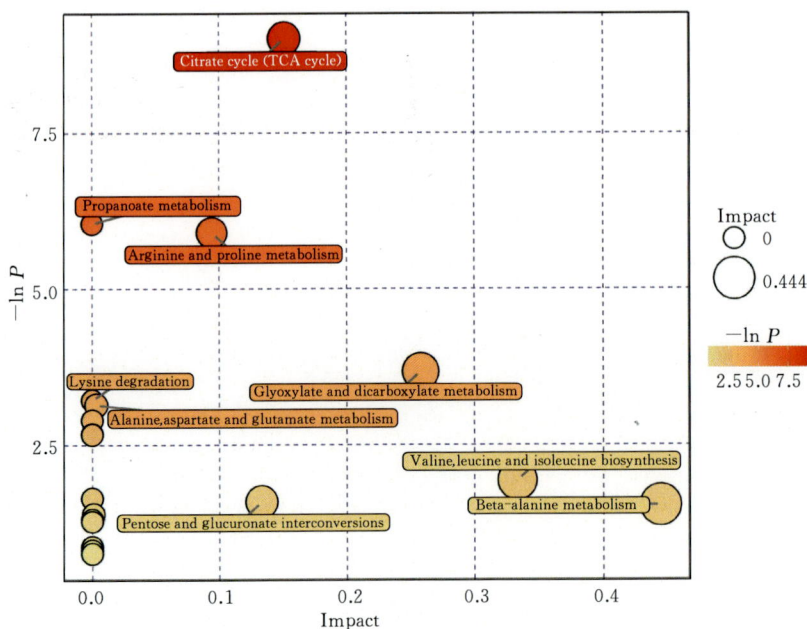

图 5-14　E组与NC组的通路分析

NC：正常无干预组；E：力竭运动干预组。

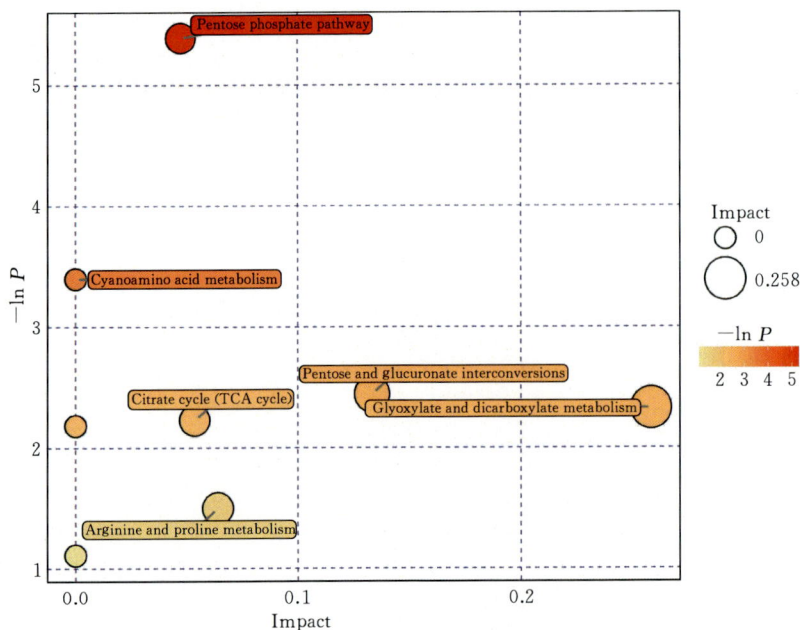

图 5-15　E＋PQQ组与E组的通路分析

E：力竭运动干预组；E＋PQQ：力竭运动＋PQQ干预组。